21世纪高等学校计算机教育实用规划教材

U0289880

多媒体技术应用
实验与实践教程

王轶冰　主编

施　俊　陆　峰　黄　炎　参编

清华大学出版社
北京

内 容 简 介

本书列举大量案例详细介绍了图像处理软件 Photoshop、动画制作软件 Flash、音频编辑软件 Samplitude、视频编辑与剪辑软件 Premiere、影视后期特效合成软件 After Effects 与多媒体创作软件 Authorware 的具体使用方法和技巧。全书共分为 7 章,内容包括图形图像处理、二维动画制作、Flash 动画制作、音频编辑、视频编辑与处理、视频后期制作与合成以及多媒体创作工具。

本书内容丰富,讲解由浅入深,循序渐进,通俗易懂,可作为高等院校数字媒体类各专业、计算机类部分专业本科教材或教学参考书,也可供从事多媒体开发与创作的技术人员参考。

图书在版编目(CIP)数据

多媒体技术应用实验与实践教程/王轶冰主编. —北京:清华大学出版社,2015(2024.8 重印)
21 世纪高等学校计算机教育实用规划教材
ISBN 978-7-302-39359-7

Ⅰ.①多…　Ⅱ.①王…　Ⅲ.①多媒体技术—教材　Ⅳ.①TP37

中国版本图书馆 CIP 数据核字(2015)第 031618 号

责任编辑:黄　芝　王冰飞
封面设计:常雪影
责任校对:梁　毅
责任印制:刘海龙

出版发行:清华大学出版社
　　　　网　　　址:https://www.tup.com.cn,https://www.wqxuetang.com
　　　　地　　　址:北京清华大学学研大厦 A 座　　　邮　　编:100084
　　　　社 总 机:010-83470000　　　　　　　　　邮　　购:010-62786544
　　　　投稿与读者服务:010-62776969,c-service@tup.tsinghua.edu.cn
　　　　质量反馈:010-62772015,zhiliang@tup.tsinghua.edu.cn
　　　　课件下载:https://www.tup.com.cn,010-83470236
印 装 者:三河市少明印务有限公司
经　　销:全国新华书店
开　　本:185mm×260mm　　印　张:19　　　　　字　　数:470 千字
版　　次:2015 年 6 月第 1 版　　　　　　　　　印　　次:2024 年 8 月第 13 次印刷
印　　数:19001~19500
定　　价:59.80 元

产品编号:051454-02

出 版 说 明

随着我国高等教育规模的扩大以及产业结构调整的进一步完善,社会对高层次应用型人才的需求将更加迫切。各地高校紧密结合地方经济建设发展需要,科学运用市场调节机制,合理调整和配置教育资源,在改革和改造传统学科专业的基础上,加强工程型和应用型学科专业建设,积极设置主要面向地方支柱产业、高新技术产业、服务业的工程型和应用型学科专业,积极为地方经济建设输送各类应用型人才。各高校加大了使用信息科学等现代科学技术提升、改造传统学科专业的力度,从而实现传统学科专业向工程型和应用型学科专业的发展与转变。在发挥传统学科专业师资力量强、办学经验丰富、教学资源充裕等优势的同时,不断更新教学内容、改革课程体系,使工程型和应用型学科专业教育与经济建设相适应。计算机课程教学在从传统学科向工程型和应用型学科转变中起着至关重要的作用,工程型和应用型学科专业中的计算机课程设置、内容体系和教学手段及方法等也具有不同于传统学科的鲜明特点。

为了配合高校工程型和应用型学科专业的建设和发展,急需出版一批内容新、体系新、方法新、手段新的高水平计算机课程教材。目前,工程型和应用型学科专业计算机课程教材的建设工作仍滞后于教学改革的实践,如现有的计算机教材中有不少内容陈旧(依然用传统专业计算机教材代替工程型和应用型学科专业教材),重理论、轻实践,不能满足新的教学计划、课程设置的需要;一些课程的教材可供选择的品种太少;一些基础课的教材虽然品种较多,但低水平重复严重;有些教材内容庞杂,书越编越厚;专业课教材、教学辅助教材及教学参考书短缺,等等,都不利于学生能力的提高和素质的培养。为此,在教育部相关教学指导委员会专家的指导和建议下,清华大学出版社组织出版本系列教材,以满足工程型和应用型学科专业计算机课程教学的需要。本系列教材在规划过程中体现了如下一些基本原则和特点。

(1) 面向工程型与应用型学科专业,强调计算机在各专业中的应用。教材内容坚持基本理论适度,反映基本理论和原理的综合应用,强调实践和应用环节。

(2) 反映教学需要,促进教学发展。教材规划以新的工程型和应用型专业目录为依据。教材要适应多样化的教学需要,正确把握教学内容和课程体系的改革方向,在选择教材内容和编写体系时注意体现素质教育、创新能力与实践能力的培养,为学生知识、能力、素质协调发展创造条件。

(3) 实施精品战略,突出重点,保证质量。规划教材建设仍然把重点放在公共基础课和专业基础课的教材建设上;特别注意选择并安排一部分原来基础比较好的优秀教材或讲义修订再版,逐步形成精品教材;提倡并鼓励编写体现工程型和应用型专业教学内容和课程体系改革成果的教材。

（4）主张一纲多本，合理配套。基础课和专业基础课教材要配套，同一门课程可以有多本具有不同内容特点的教材。处理好教材统一性与多样化，基本教材与辅助教材，教学参考书，文字教材与软件教材的关系，实现教材系列资源配套。

（5）依靠专家，择优选用。在制订教材规划时要依靠各课程专家在调查研究本课程教材建设现状的基础上提出规划选题。在落实主编人选时，要引入竞争机制，通过申报、评审确定主编。书稿完成后要认真实行审稿程序，确保出书质量。

繁荣教材出版事业，提高教材质量的关键是教师。建立一支高水平的以老带新的教材编写队伍才能保证教材的编写质量和建设力度，希望有志于教材建设的教师能够加入到我们的编写队伍中来。

21世纪高等学校计算机教育实用规划教材编委会

联系人：魏江江 weijj@tup.tsinghua.edu.cn

前　言

多媒体应用技术以其图、文、声、像并茂，音乐、动画、视频共存的特点，引起广大用户和计算机专业人员的极大兴趣。大家都迫切地希望更多地了解多媒体知识、掌握多媒体应用技术、开发多媒体产品。特别是近年来，随着 Internet 在全球的普及，多媒体应用领域更加广泛，发展更为迅速，各高校的很多课程体系也都增设了多媒体应用技术课程。本书是根据教育部《关于进一步加强高等学校计算机基础教学的几点意见》（白皮书）中关于"多媒体技术与应用"课程的要求而编写的。

本书共有 7 章。第 1 章是图形图像处理，主要介绍 Photoshop 软件的基本操作以及滤镜、蒙版等效果的运用。第 2 章是二维动画制作，主要介绍 gif 动画的制作原理及创建方法。第 3 章是 Flash 动画制作，主要介绍 Flash 软件的使用及交互式动画的创建方法。第 4章是音频编辑，主要介绍声学的相关知识及 Samplitude 软件的基本功能应用。第 5 章是视频编辑与处理，主要介绍视频剪辑的相关概念及 Premiere 软件的使用，包括关键帧的设置、字幕的灵活应用、转场的操作方法。第 6 章是视频后期制作与合成，主要介绍合成的相关概念及 After Effects 的基本操作，包括合成的创建、特效的运用等。第 7 章是多媒体创作工具，主要介绍多媒体作品的制作流程及 Authorware 软件的使用。

教育的意义在于提供方法，学习的目的在于完善自我。学习是一个渐进的过程，本书内容翔实，由浅入深，通过大量案例帮助学生快速掌握多媒体软件的基本操作及综合应用。本书可作为高等学校"多媒体技术与应用"课程的实验教材，也可作为数字媒体类各专业、计算机类部分专业的本科教材或教学参考书。

本书第 1 章、第 2 章、第 5 章和第 6 章由王轶冰编写，第 4 章由陆峰编写，第 3 章由黄炎、王轶冰编写，第 7 章由施俊编写，全书由杨勇定稿、审稿。

由于时间仓促，编者水平有限，书中难免存在不足，恳请读者给予批评指正。在本书的编写过程中，清华大学出版社的编辑及相关院校的老师和同学们给予了大力支持，在此谨向他们表示衷心的感谢。本书配有教学资源，包括电子教案、素材和学生优秀习作点评等，使用本书的学校可与编者联系获取相关资源，E-mail：wyb@ahu.edu.cn。

编　者

2015 年 3 月

目　　录

第1章 图形图像处理

本章相关知识

图形图像处理软件是在日常工作学习中使用频率较高的软件,其中最为优秀的是 Adobe 公司开发的 Photoshop,其专长在于图像处理,即对已有的位图图像进行编辑加工处理以及运用一些特殊效果。从功能上看,该软件可分为图像编辑、图像合成、校色调色及特效制作等部分。本章以 Photoshop CS5 为平台,介绍了六个实验,要求学生熟练掌握 Photoshop 的相关应用操作。

Photoshop 是目前市场上知名度最高、拥有用户数量最多的一种图像处理软件,它具有如下几个主要功能。

1. 平面设计

平面设计是 Photoshop 应用最为广泛的领域,无论是我们正在阅读的图书封面,还是大街上看到的招贴、海报,这些具有丰富图像的平面印刷品,基本上都需要利用 Photoshop 软件对图像进行处理。

2. 修复照片

Photoshop 具有强大的图像修饰功能。利用这些功能,可以快速修复一张破损的老照片,也可以修复人脸上的斑点、眼袋等缺陷。

3. 广告摄影

广告摄影作为一种视觉要求非常严格的工作,其最终成品往往要经过 Photoshop 的处理才能得到满意的图像效果。

4. 影像创意

影像创意是 Photoshop 的特长,通过 Photoshop 的处理可以将原本风马牛不相及的对象组合在一起,也可以使用"狸猫换太子"的手段使图像发生"面目全非"的巨大变化。

5. 网页制作

网络的普及是促使更多人需要掌握 Photoshop 的一个重要原因。因为在制作网页时,该软件是必不可少的网页图像处理软件。

6. 建筑效果图后期修饰

在制作建筑效果图时,包括许多三维场景,人物与配景(包括场景的颜色)常常需要在该软件中进行增加和调整。

7. 绘画

由于 Photoshop 具有良好的绘画与调色功能,许多插画设计制作者往往先使用铅笔绘制草稿,然后用该软件填色的方法来绘制插画。除此之外,近些年来非常流行的像素画也多为设计师使用 Photoshop 创作的作品。

8. 绘制或处理三维贴图

在三维软件中,如果只是能够制作出精良的模型,而无法为模型应用逼真的贴图,也无法得到较好的渲染效果。实际上在制作材质时,除了需要依靠软件本身具有的材质功能,还可以利用 Photoshop 制作三维软件中无法得到的材质效果。

9. 视觉创意

视觉创意与设计是设计艺术的一个分支,此类设计通常没有非常明显的商业目的,但由于它为广大设计爱好者提供了广阔的设计空间,越来越多的设计爱好者开始学习使用 Photoshop,并进行具有个人特色与风格的视觉创意与设计。

实验一　Photoshop 基本操作

一、实验目的

- 熟悉 Photoshop CS5 的工作界面。
- 熟练掌握工具箱中常用工具的使用方法和使用技巧。
- 掌握图像色彩的调整方法。
- 熟悉【图层】面板、【路径】面板中常用工具的使用,掌握图层的基本操作。
- 熟练掌握选区的各种创建方法。

二、实验环境

- 硬件要求:微处理器 Intel 奔腾 4、内存 1GB 以上。
- 运行环境:Windows 7/8。
- 应用软件:Photoshop CS5。

三、实验内容与要求

(一) 调整图像的颜色,图像调整前后对比如图 1-1 所示。

(a) 调整前　　　　　　　　　　　　　　(b) 调整后

图 1-1　图像色彩调整前后的对比图

（二）制作黑白字效果，如图 1-2 所示。

图 1-2　黑白字效果

（三）运用画笔工具制作特殊的云彩效果，如图 1-3 所示。

图 1-3　绘制特殊图形

（四）根据已有的素材制作证件照，效果如图 1-4 所示。

 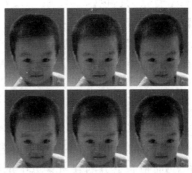

(a) 原图　　　　　　　　　　　(b) 证件照

图 1-4　制作证件照

（五）制作一张邮票，效果如图 1-5 所示。

四、实验步骤与指导

（一）调整图像色彩。

本例考查套索工具的使用和色相/饱和度的设置。

（1）打开素材图片，选择【图像】→【调整】→【色相/饱和度】命令，在打开的对话框中设置【色相】为－50，【饱和度】为 0，【透明度】为 0，不着色。

图 1-5　邮票

（2）选择工具箱中的【套索工具】，在工具选项栏中
设置羽化值为 20px，使被修改区域的边缘更柔和，然后在工具选项中勾选【消除锯齿】复选框，如图 1-6 所示。

图 1-6　工具选项栏

（3）调整部分树叶为红色：使用【套索工具】在图片中创建一个不规则选区，然后使用 Shift 键结合【套索工具】选中多块区域，如图 1-7 所示。然后选择【图像】→【调整】→【色相/饱和度】命令，在打开的对话框中设置【色相】为－55，【饱和度】为 25，【透明度】为 0，不着色。

（4）调整部分树叶为紫色：使用【套索工具】在图片上选择所需的区域，选择【图像】→【调整】→【色相/饱和度】命令，在打开的对话框中设置【色相】为－70，【饱和度】为 0，【透明度】为 0，不着色。

（5）调整部分树叶为黄色：使用【套索工具】在图片上选择所需的多块区域，选择【图像】→【调整】→【色相/饱和度】命令，在打开的对话框中设置【色相】为 0，【饱和度】为 65，【透明度】为 0，不着色。

（二）制作黑白字效果。

本例考查文字工具、【图层】面板的使用。

（1）新建一个 200 像素×150 像素的文件，颜色模式为 RGB，背景为白色。

（2）使用【横排文字工具】输入文字，在窗口上方的工具选项栏中设置字体为黑体、60 点、黑色，在【图层】面板上选中文字层并右击，选择命令将文字栅格化。

图 1-7　创建多个选区

说明：对文字进行栅格化操作，即将文字转换为图片，然后才能对文字进行反相、添加滤镜等操作；但栅格化后，不能再对文字的字形等进行修改。

（3）在【图层】面板右上方的弹出菜单中选择【向下合并】命令，如图 1-8 所示，将文字层和背景层合并。

（4）在工具箱中选择【矩形选框工具】，选取图像下半部分，如图 1-9 所示。

（5）选择【图像】→【调整】→【反相】，完成黑白字效果。最后按 Ctrl＋D 键取消选区。

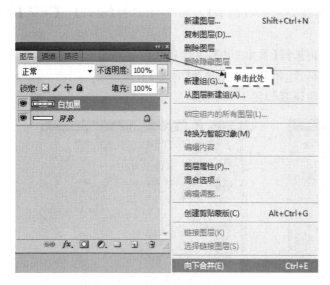

图 1-8　合并图层

图 1-9　创建矩形选区

（三）绘制云彩。

本例考查画笔工具的设置、特殊笔刷的使用。

（1）新建一个 400 像素×400 像素的文档，单击工具箱下方的颜色图标打开【拾色器】对话框，如图 1-10 所示，设置前景色为♯81C1E9，采用相同的方法设置背景色为♯2785DA。

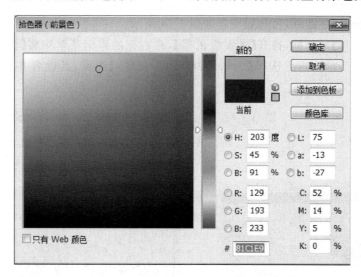

图 1-10　【拾色器】对话框

（2）选择工具箱中的【渐变工具】，在窗口上方的工具选项栏中选择【线性渐变】，如图 1-11 所示，在画布上由下到上拖动填充渐变，形成蓝天背景。

图 1-11　工具选项栏

(3) 选择工具箱中的【画笔工具】,按 F5 进入【画笔】面板(或者选择【窗口】→【画笔】命令)。对笔刷做如下设置。

① 选择【画笔笔尖形状】复选框,再选择【柔角 100】,其他参数设置如图 1-12 所示。

注意:选择【画笔笔尖形状】复选框后,才能弹出完整的【画笔】面板。

② 选择【形状动态】复选框,各参数设置如图 1-13 所示。

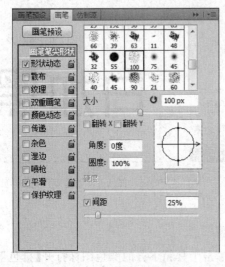

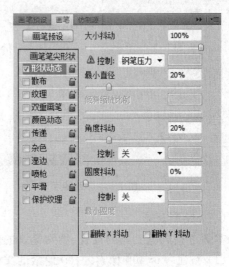

图 1-12　笔尖形状参数设置　　　　图 1-13　形状动态参数设置

③ 选择【散布】复选框,各参数设置如图 1-14 所示。

④ 选择【纹理】复选框,打开【图案拾色器】,在右侧的弹出菜单中将【图案】追加到拾色器中,如图 1-15 所示。然后选择【云彩(128×128 灰度)】图案,其他各参数设置如图 1-16 所示。

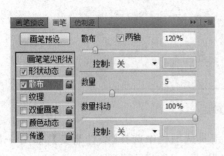
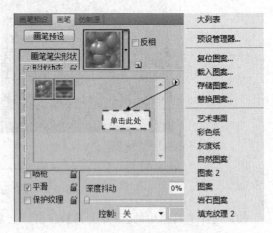

图 1-14　散布参数设置　　　　　　图 1-15　图案拾色器

⑤ 选择【传递】复选框,各参数设置如图 1-17 所示。

(4) 在工具箱中单击【设置前景色】按钮,打开【拾色器】对话框,将前景色设置为白色,使用画笔在画布空白处涂抹,即可绘制出心形、飞机等图案。

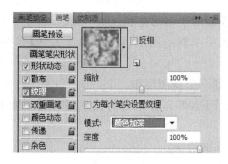

图 1-16　纹理参数设置　　　　　图 1-17　传递参数设置

说明：合理地改变笔刷的颜色，还可以制作出阴云密布的景象。

（四）制作证件照。

本例考查快速蒙版、钢笔、渐变、图案图章等工具的使用。

（1）打开素材图片，使用【裁剪工具】进行裁剪，保留人物主要区域。

注意：裁剪时可以使用鼠标移动边缘以调整裁剪的区域。

（2）创建选区。

方法一：

① 单击工具箱中的【以快速蒙版模式编辑】按钮，如图 1-18 所示，然后选择【画笔工具】，再选择合适的笔刷在人物面部区域快速涂抹，如图 1-19 所示。

注意：通过工具箱中的前/背景色（黑/白色）切换可以达到增、减选区的目的，比如当背景色为白色时，使用画笔可以将选中的内容取消。

② 再次单击工具箱中的【以快速蒙版模式编辑】按钮，回到标准模式状态，选择【选择】→【反向】命令，此时可以看见选区已经被创建。

方法二：

① 选择工具箱中的【钢笔工具】，沿人物面部及主要区域创建选区，如图 1-20 所示。

图 1-18　快速蒙版　　　　图 1-19　涂抹区域　　　　图 1-20　使用钢笔工具绘制路径

② 按 Ctrl＋Enter 键将钢笔绘制的路径转换为选区。

说明：使用【钢笔工具】绘制路径后，可以同时按住 Ctrl 键使用鼠标调整各个锚点的位置和弯曲的弧度，但最后必须将路径转换为选区。如果在操作过程中不小心将选区取消，可以单击【窗口】→【路径】命令后在【路径】面板中恢复所绘制的路径。

（3）建立选区后，按 Ctrl+J 键复制选区得到一个新的图层，再用【橡皮工具】等擦除选区内多余的区域以达到精细确定选区的目的。

说明：按 Ctrl+J 键可以复制选区中的内容到一个新图层中。

（4）选中"背景"图层，设置前景色为红色（♯FF0000），背景色为白色，使用【渐变工具】从上到下在画面上拖动，效果如图 1-21 所示。

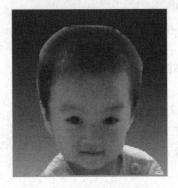

图 1-21　用渐变填充背景

（5）为照片添加边缘。

方法一：

① 将两个图层合并后在【图层】面板中双击该层解锁。

② 选择【图层】→【新建】→【图层】命令新建一个图层，设置前景色为白色，按 Alt+Delete 键填充白色，将该图层拖至人物图层下方。

注意：填充前景色使用 Alt+Delete 键，填充背景色使用 Ctrl+Delete 键。

③ 选择【图像】→【画布大小】命令，在打开的对话框中勾选【相对】复选框，宽度和高度均设置为 15 像素，这样就可以给照片加上白色边。

方法二：

① 合并图层并解锁。

② 选择【编辑】→【描边】命令打开【描边】对话框，如图 1-22 所示，设置完成后单击【确定】按钮也可以给照片加上白色边。

（6）将图像定义为图案：合并图层，然后选择【编辑】→【定义图案】命令，在弹出的【图案名称】对话框的【名称】栏中输入名字。

（7）新建文件，大小 1000 像素×1500 像素，分辨率为 300（一般证件照要求分辨率较高）像素/英寸，然后选择工具箱中的【图案图章工具】在画布上涂抹，效果见图 1-4（b）所示，然后使用照片纸打印出来即可。

注意：选择【图案图章工具】后，在工具选项栏中选择定义的图案后才能进行复制，如图 1-23 所示。

图 1-22　描边设置

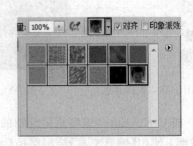

图 1-23　在选项栏中选择定义的图案

（五）制作邮票。

本例考查 Photoshop 基本工具的使用以及【图层】面板、【路径】面板的相关操作。

（1）打开素材中的海底世界图片，使用【矩形选框工具】选中图中所有区域，选择【编辑】→【复制】命令；然后打开素材中的山丘图片，选择【编辑】→【粘贴】命令，如图 1-24 所示。

（2）激活【图层】面板，按住 Ctrl 键选中【图层 1】，将图层作为选区载入；然后选择【选择】→【变换选区】命令，将选区扩大，如图 1-25 所示，然后按 Enter 键确认。

图 1-24　复制并粘贴图像　　　　　　图 1-25　变换选区

（3）新建【图层 2】，为该图层填充白色，并将其拖至【图层 1】下方；打开【路径】面板，单击【从选区生成工作路径】按钮。

（4）设置前景色为白色，在【路径】面板中单击【用前景色填充路径】按钮，如图 1-26 所示。

（5）选择【橡皮擦工具】，在右上方的选项栏中打开【画笔预设】面板，选择 30 像素的硬笔刷，【硬度】为 100%，【间距】为 150%，如图 1-27 所示；然后单击【路径】面板中的【用画笔描边路径】按钮，效果如图 1-28 所示。

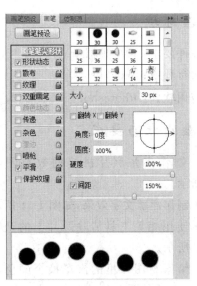

图 1-26　【路径】面板　　　　　　图 1-27　设置画笔的笔刷

图形图像处理

（6）激活【图层】面板，新建【图层 3】，创建一个选区，并描 2 像素白边，如图 1-29 所示。

图 1-28　初步效果图　　　　　　　　　　　　图 1-29　创建选区

（7）新建【图层 4】，输入"中国邮政"、"80 分"等文字，并设置合适的字体和大小，最终效果如图 1-5 所示。

实验二　图层的相关操作

一、实验目的

- 熟练掌握文字工具的使用和特效文字的创建方法。
- 熟练掌握图层的各种相关操作方法。
- 熟练掌握图层样式的设置方法。
- 掌握图层混合模式的应用。

二、实验环境

- 硬件要求：微处理器 Intel 奔腾 4、内存 1GB 以上。
- 运行环境：Windows 7/8。
- 应用软件：Photoshop CS5。

三、实验内容与要求

（一）制作多张照片拼接的效果图，如图 1-30 所示。

（二）制作浮雕文字效果，如图 1-31 所示。

（三）使用相关工具清除照片上的杂物，如图 1-32 所示。

（四）给素材图片里的汽车换个颜色，色彩调整前后对比如图 1-33 所示。

图 1-30　拼接照片

图 1-31 浮雕文字

(a) 原图

(b) 效果图

图 1-32 修饰前后对比图

(a) 原图

(b) 效果图

图 1-33 汽车换色前后的对比图

四、实验步骤与指导

（一）拼接照片。

本例考查图层的相关操作及图层样式的设置方法。

（1）打开素材图片中的 1.jpg。在【图层】面板中双击【背景】图层，将其解锁。

（2）选择工具箱中的【矩形选框工具】，在人物区域创建一个矩形选区，按 Ctrl＋J 键得到新的图层【图层 1】。然后选择【编辑】→【描边】命令，对该层描 8 像素的白边，效果如图 1-34所示。

（3）打开素材 2.jpg，使用同样的方法创建选区，选择【编辑】→【拷贝】命令；然后回到 1.jpg 的编辑界面，选择【编辑】→【粘贴】命令，将选区的内容粘贴至新层中，并移动到画面左上角位置。

（4）为新层描边 8 像素，白色；然后选择【编辑】→【变换】→【旋转】命令（或按 Ctrl＋T 键），将其旋转到一定角度，如图 1-35 所示。

图 1-34 描边效果

图 1-35 移动、旋转图层

（5）此时发现画面超出边界，需要增加画布的大小以容纳图像：选择【图像】→【画布大小】命令，在打开的对话框中勾选【相对】复选框，并设置【画布扩展颜色】为蓝色，将画布沿四周扩大 70 像素，如图 1-36 所示。

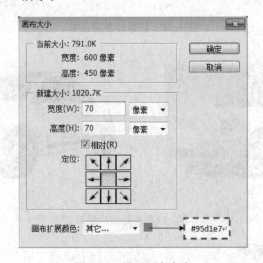
图 1-36 设置画布大小

（6）采用相同的方法将素材 3.jpg 中的人物也复制到 1.jpg 中，做出拼接的效果，如图 1-30 所示。

（二）制作浮雕字。

本例考查图层样式的使用。

（1）新建文件，尺寸为 700 像素 × 300 像素，设置前景色为 ＃4EA6D0，背景色为 ＃195081。

（2）选择【渐变工具】，在工具选项栏的【渐变编辑器】中选择【类型】为【前景到背景】，如图 1-37 所示；然后选择【径向渐变】，如图 1-38 所示，最后从图片中心沿右下角拖动鼠标创建径向渐变。

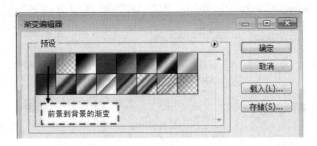

图 1-37 【渐变编辑器】对话框

图 1-38 工具选项栏

（3）输入文字，设置字体为 Mail Ray Stuff，大小为 150 点，字体颜色为♯3684A1，效果如图 1-39 所示。

图 1-39 初步效果

注意：如果机器中没有这种字体，可以将素材中的字体 Mail Ray Stuff 复制到 C:\windows\fonts 文件夹下进行安装。

（4）在【图层】面板中右击文字图层，选择【栅格化文字】命令。

注意：栅格化后，文字即被打散为图片，文字层变为图片层，此时文字将不能再被修改。

（5）选中文字层，选择【图层】→【图层样式】→【混合选项】命令（或者双击【图层】面板中的文字图层），打开【图层样式】对话框，应用风格设置如下。

① 内阴影：设置颜色为♯023E63，距离为 0，大小为 8。

② 外发光：设置混合模式为亮光，颜色为♯72FEFF，大小为 10，范围为 100%。

③ 内发光：设置混合模式为叠加，颜色为♯CFFCFF，阻塞为 10，大小为 30。

④ 斜面和浮雕：设置样式为内斜面，方法为雕刻清晰，深度为 250，大小为 50；取消使用全局光选项；改变高度为 15 度，光泽等高线为环形（第二行第二个），勾选【消除锯齿】复选框；最后，改变阴影模式的颜色为♯3C596B，参数设置如图 1-40 所示。

⑤ 光泽等高线：选择环形，勾选【消除锯齿】复选框，效果如图 1-41 所示。

（6）在【背景】图层的上方创建一个新图层，重命名为"点缀"，打开【画笔】面板，做如下设置。

14

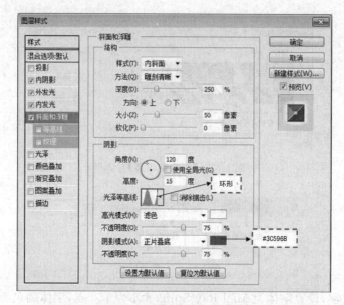

图 1-40　斜面和浮雕参数设置

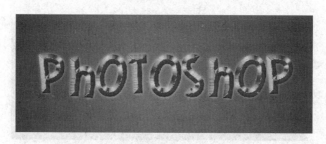

图 1-41　设置图层样式后的文字效果

① 选择【画笔笔尖形状】为星形 26 像素,设置圆度为 50％,如图 1-42 所示。

②【形状动态】设置为大小抖动和角度抖动均为 100％。

③ 改变【散布】为 1000％,并勾选【两轴】复选框,改变数量为 3,然后在该层上使用画笔刷几下,作为文字的点缀,最终效果如图 1-31 所示。

(三) 清除照片上的杂物。

本例考查仿制图章等修补工具的使用。

(1) 打开素材图片,使用工具箱中的【磁性套索工具】将人物抠出来,建立选区后按 Ctrl＋J 键复制到新图层上。

说明:使用【磁性套索工具】可以单击某个位置来创建系统没有自动创建的锚点。

(2) 清除草地上的垃圾袋。

方法一:

选择工具箱中的【套索工具】,在工具选项栏中设置【羽化】为 6px,如图 1-43 所示;选择【背景】图

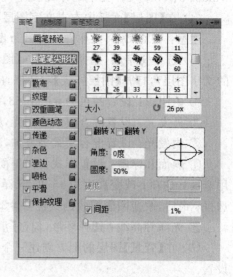

图 1-42　画笔笔尖形状设置

层上的一块干净的草地,按 Ctrl+J 键复制到新层中;然后使用【移动工具】移动这块草地,以覆盖垃圾袋,这样草地上的垃圾袋被清除了。

注意:设置【羽化】是为了边缘更加平滑,画面显得更加真实。

图 1-43　设置羽化

方法二:

① 将【背景】图层解锁。

② 选中【背景】图层,单击工具箱中的【仿制图章工具】,按住 Alt 键在干净的草地上单击,创建数据源。

③ 创建数据源后,在垃圾袋上使用鼠标来回拖动涂抹以覆盖垃圾袋。

(3)选中【背景】图层,使用【套索工具】或【钢笔工具】选中一块干净的木板部分,按 Ctrl+J 键复制到一个新的图层,然后将该层移动到人物左边的塑料袋上。

(4)再复制几块木板层并移动到合适位置,按 Ctrl+T 键可以进行缩放。

(5)重复以上步骤,选中【背景】图层,结合使用【仿制图章工具】,逐渐消除人物右边的杂物。

注意:使用【仿制图章工具】时,为了制作的效果更加逼真,在复制时需要不停地建立数据源。

(6)如果细节部分没有处理好,可以继续使用相关工具进行完善。

(四)给汽车换色。

本例考查【钢笔工具】、【磁性套索工具】的使用,调整图像色彩、图层样式等操作。

(1)打开素材图片。

(2)选择【钢笔工具】,在工具选项栏中单击【路径】按钮,如图 1-44 所示;然后将汽车轮廓勾选出来,如图 1-45 所示;然后按 Ctrl+Enter 键将绘制的路径变换为选区。

图 1-44　工具选项的设置　　　　　　图 1-45　钢笔绘制汽车轮廓

注意:

* 如果在工具选项栏中单击【形状图层】按钮,则勾选的路径将会被黑色蒙版挡住,为操作带来不便。

* 在绘制路径的过程中,如果某一步出错,可以按 Delete 键删除错误的锚点,删除后再单击最后正确的那个锚点,否则又会创建一个新的路径。

* 如果不小心取消了选区,可以选择【窗口】→【路径】命令打开【路径】面板进行恢复,如图 1-46 所示。

* 路径绘制完毕后,可以按住 Ctrl 键拖动鼠标进行修改。

图形图像处理

图 1-46 【路径】面板

（3）选择【文件】→【新建】命令，新建一个尺寸为 600 像素×600 像素的文件；然后将选中的车复制至新文件中。

（4）使用【磁性套索工具】或【魔棒工具】将需要换颜色的地方选出来，也可以先选中除白色以外的所有区域再反选。

注意： 增加选区可以按住 Shift 键，减少选区按住 Alt 键。

（5）新建一图层，设置前景色为 #FF00FF，按 Alt＋Delete 键在新图层上填充颜色，在【图层】面板中设置新图层的混合模式为颜色，观察变色后的效果，如图 1-33（b）所示。

实验三　滤镜的使用

一、实验目的

- 掌握风格化、扭曲、模糊等滤镜的使用方法。
- 熟练掌握渐变工具的设置和使用。
- 熟练掌握图像色彩调整的各种方法。

二、实验环境

- 硬件要求：微处理器 Intel 奔腾 4、内存 1GB 以上。
- 运行环境：Windows 7/8。
- 应用软件：Photoshop CS5。

三、实验内容与要求

（一）制作简单漂亮的花朵，效果如图 1-47 所示。

（二）制作光晕效果，如图 1-48 所示。

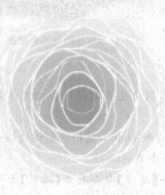

图 1-47　简单漂亮的花朵

图 1-48　光晕

（三）制作火焰字的效果，如图1-49所示。

图1-49　火焰字

（四）制作棒棒糖图片，如图1-50所示。

（五）制作特效花纹，效果如图1-51所示。

图1-50　棒棒糖

图1-51　特效花纹

四、实验步骤与指导

（一）制作简单漂亮的花朵。

本例考查晶格化等滤镜的使用。

（1）新建文件，设置尺寸为500像素×500像素，颜色模式为RGB，分辨率为72。

（2）设置前景色为玫红色，选择【渐变工具】，在窗口上方的选项栏中单击【渐变编辑器】按钮，在弹出的对话框中选择前景色到透明的径向渐变，然后从画布中心向四周拖动，绘制一个中心向四周发散的径向渐变效果，如图1-52所示。

（3）选择【滤镜】→【像素化】→【晶格化】命令，在打开的对话框中设置【单元格大小】为50。

（4）选择【滤镜】→【艺术效果】→【绘画涂抹】命令，在打开的对话框中设置【画笔大小】为50；【锐化程度】

图1-52　径向渐变

为 10；【画笔类型】为火花，效果如图 1-47 所示。

（二）光晕效果的制作。

本例考查极坐标等滤镜的使用方法和色彩的调整方法。

（1）新建一个 400 像素×400 像素的文档，将背景填充为黑色。

（2）选择【滤镜】→【渲染】→【镜头光晕】命令，在打开的对话框中将中心点移至画布中央，如图 1-53 所示。

（3）选择【滤镜】→【风格化】→【风】命令，在打开的对话框中，【方法】选择风、【方向】选择从右。

（4）再次使用【风】命令，在打开的对话框中，【方法】设置为风、【方向】设置为从左。

（5）选择【滤镜】→【扭曲】→【极坐标】命令，在打开的对话框中，选择【平面坐标到极坐标】。

（6）将【背景】图层解锁，选择【编辑】→【变换】→【旋转 90 度（顺时针）】命令，将画布顺时针旋转 90 度。

（7）打开【色相/饱和度】对话框调整色彩，参数设置如图 1-54 所示。

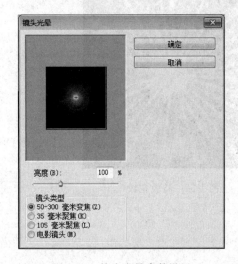

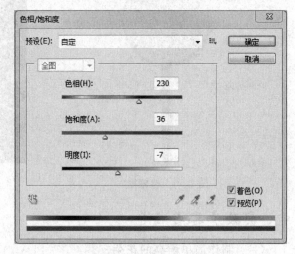

图 1-53　镜头光晕参数设置　　　　　　图 1-54　调整色相/饱和度

（三）火焰字。

本例考查【风格化】滤镜、【模糊】滤镜、【液化】滤镜的使用。

（1）新建文件，设置尺寸为 600 像素×400 像素，背景色为黑色。

（2）输入文字，设置文字字体为 Arial，大小为 100 点，颜色为白色。

（3）栅格化文字，并将该层重命名为【文字 1】；然后复制文字层，得到新图层，重命名为【文字 2】。

（4）选中【文字 2】图层，选择【编辑】→【变换】→【旋转 90 度（顺时针）】命令，使文字 2 顺时针旋转 90 度，目的是为以下步骤中利用风吹（向右）滤镜效果产生火焰向上的效果做准备。如图 1-55 所示。

（5）选择【滤镜】→【风格化】→【风】命令，弹出【风】对话框，设置【方法】为风，【方向】为从左；然后重复操作 2 次以加强效果。

图 1-55　变换"文字 2"层

（6）选择【编辑】→【变换】→【旋转 90 度（逆时针）】命令，此时文字产生偏离；使用【移动工具】移动【文字 2】图层，使文字重叠，效果如图 1-56 所示。

图 1-56　初步效果

（7）复制【文字 2】图层，得到新图层【文字 3】。选择【滤镜】→【模糊】→【高斯模糊】命令，设置【模糊半径】为 1.7。

（8）在【文字 3】图层下方新建一个图层并填充黑色，然后将黑色图层与【文字 3】图层合并为一个图层，命名为"图层 1"。

（9）选中【图层 1】，选择【滤镜】→【液化】命令，先用大画笔涂出大体走向，再用小画笔突出小火苗，如图 1-57 所示。

图 1-57　液化后的效果

（10）选择【图像】→【调整】→【色相/饱和度】命令，勾选【着色】复选框，设置【色相】为42，【饱和度】为100，将文字被调整为橙色；然后将调色后的【图层1】复制一份，并将新图层的混合模式改为【叠加】，加强火焰的效果。

（11）选中【文字2】图层，选择【滤镜】→【模糊】→【高斯模糊】命令，设置【模糊半径】为3；然后在【文字2】图层下方新建一个图层并填充黑色，再将黑色图层和【文字2】图层合并。

（12）重复之前的操作，液化后再调色，其中【色相/饱和度】对话框的参数设置如图1-58所示；然后将该层移动至最上方，并设置图层混合模式为【强光】，效果如图1-59所示。

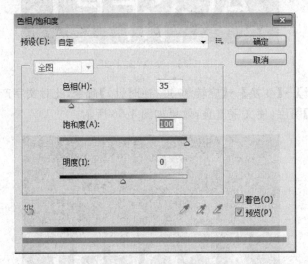

图1-58　色相/饱和度参数设置

图1-59　加强火焰效果

（13）将【文字1】移为顶层，选中该层的同时按Ctrl键，将文字作为选区载入，设置前景色为＃FFE104，背景色为＃D74D18，然后使用【渐变工具】为文字填充由上到下的线性渐变，最终效果如图1-49所示。

（四）制作棒棒糖。

本例考查【半调图案】滤镜的使用方法、变换选区的方法与图层样式的设置方法。

（1）新建文件，设置尺寸为500像素×500像素，颜色模式为RGB，分辨率为72。

（2）设置前景色为黄色（♯FFFF00），背景色为橙色（♯FFA800），选择【滤镜】→【素描】→
【半调图案】命令，设置【大小】为12，【对比度】为0，【图案类型】为直线，效果如图1-60所示。

（3）选择【滤镜】→【扭曲】→【旋转扭曲】命令，设置【角度】为899。

（4）选择【椭圆选框工具】，按住 Shift 键在图像中心绘制一个正圆，选取一部分涡旋图
案，如图1-61所示；然后按 Ctrl＋J 键复制选区为新的图层，命名为【糖果】；再将背景图层
填充为白色。

图 1-60　半调图案效果

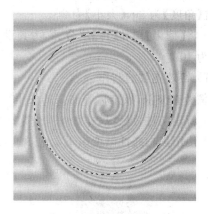
图 1-61　创建正圆选区

（5）选中【糖果】图层，按 Ctrl＋T 键调整合适的大小，在【图层】面板中双击【糖果】图层
调出【图层样式】对话框，勾选【斜面和浮雕】复选框，设置样式为【内斜面】，其他参数设置如
图1-62所示。

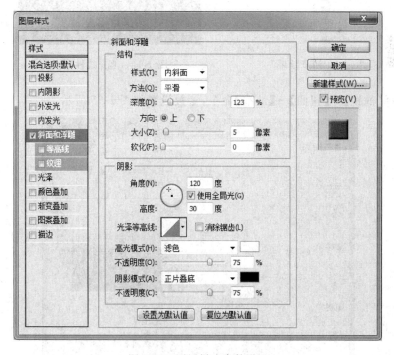
图 1-62　图层样式参数设置

（6）制作棒棒糖的杆。

① 选择【背景】图层，设前景色为绿色（♯429D05），背景色为白色；选择【滤镜】→【素描】→【半调图案】命令，参数同前。

② 选择【矩形选框工具】，绘制一个长矩形；然后按 Ctrl＋J 键复制，命名为"杆"，并移动到合适位置；然后将该层置于【糖果】图层之下，再次将背景图层填白，如图 1-63 所示。

③ 做出杆子的立体感：选中【杆】图层，添加图层样式【内阴影】，不勾选【全局光】复选框，设置【角度】为 30，【大小】为 20。

（7）将【糖果】层和【杆】层合并，为其设置【投影】样式，设置【角度】为 45 度，【距离】为 8，【大小】为 10。

（五）特效花纹的制作。

本例考查波浪、极坐标等滤镜的使用。

（1）新建文件，设置尺寸为 600 像素×600 像素，颜色模式为 RGB，分辨率为 150。

（2）使用黑白线性渐变由下至上填充，效果如图 1-64 所示。

图 1-63　初步效果　　　　　　　图 1-64　填充线性渐变

（3）选择【滤镜】→【扭曲】→【波浪】命令，参数设置如图 1-65 所示。

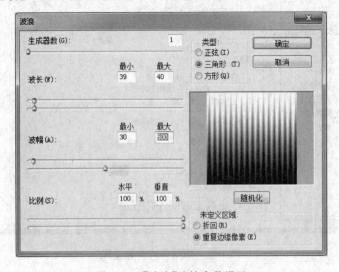

图 1-65　【波浪】滤镜参数设置

说明：

【波浪】滤镜可使图像产生波浪扭曲的效果，其中各参数说明如下。

- 生成器数：控制产生波的数量，范围是1～999。
- 波长：波长的最大值与最小值决定相邻波峰之间的距离。
- 波幅：其最大值与最小值决定波的高度。
- 比例：控制图像在水平或垂直方向上的变形程度。
- 类型：有三种类型可供选择，分别是正弦、三角形和正方形。
- 随机化：每单击一下此按钮，就可以为波浪指定一种随机效果。
- 折回：将变形后超出图像边缘的部分反卷到图像的对边。
- 重复边缘像素：将图像中因为弯曲变形超出图像的部分分布到图像的边界上。

图1-66　初步效果

（4）选择【滤镜】→【扭曲】→【极坐标】命令，选择【平面坐标到极坐标】样式。

（5）选择【滤镜】→【素描】→【铬黄】命令，将【细节】设置为10，【平滑度】设置为10，效果如图1-66所示。

（6）新建图层，选择【渐变工具】，打开【渐变编辑器】对话框，选择七彩色的径向渐变，如图1-67所示；然后在图像中从中心向四周拉动以填充，效果如图1-68所示；最后在【图层】面板中将图层混合模式修改为【颜色】。

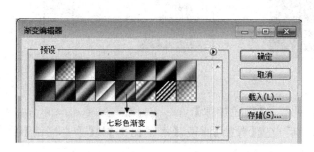

图1-67　【渐变编辑器】对话框

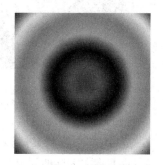

图1-68　七彩渐变

五、拓展练习

【练习一】　给褶皱的衣服添加图案，如图1-69所示。

（1）打开素材中的原始图片。选择【文件】→【存储为】命令，在弹出的对话框中选择【保存类型】为PSD文件，将文件保存成PSD文件。在下面的操作中，使用置换滤镜时可以将该文件作为置换对象。

（2）新建一个图层，使用【椭圆选框工具】创建一个圆形选区，并为选区填充黄色（#FFFF00），如图1-70所示。

（3）按Ctrl＋D键取消选区，使用【文字工具】输入如图1-69(b)所示的文字，并为其设置合适的字形、大小等。

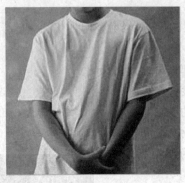

(a) 原图   (b) 效果图

图 1-69 添加图案前后效果对比

（4）对圆形图案应用变形滤镜。

① 选中圆形图层，选择【滤镜】→【扭曲】→【置换】命令，参数设置如图 1-71 所示，置换图选择刚才第 1 步中保存的 PSD 文件。

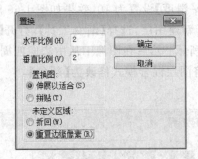

图 1-70 填充选区   图 1-71 置换滤镜

② 将圆形图层的图层混合模式调整为【颜色加深】。

（5）选中文字层，将其栅格化，然后设置【置换】滤镜，【水平比例】和【垂直比例】可适当减少为 1；再将文字层的混合模式设置为【叠加】。

说明：

【置换】滤镜是一个较为复杂的滤镜，它可以使图像产生位移效果。位移效果不仅取决于设定的参数，而且取决于位移图片（即置换图）的选取。它会读取位移图中像素的色度数值来决定位移量，并以此来处理当前图像中的各个像素。其中，【水平比例】用来调整置换滤镜水平方向的比例；【垂直比例】用来调整置换滤镜垂直方向的比例。

需要注意的是，置换图必须是一幅 PSD 格式的图像。

【练习二】 制作锈迹斑斑的背景效果，如图 1-72 所示。

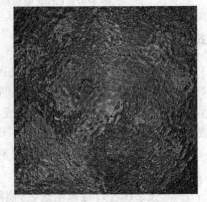

图 1-72 锈迹斑斑

（1）新建文件，设置尺寸为 500 像素×500 像素，颜色模式为 RGB，分辨率为 150。

（2）设置前/背景色为黑/白色。新建一个图层，选择【滤镜】→【渲染】→【云彩】命令，然后选择【滤镜】菜单→【渲染】→【分层云彩】命令，再按 Ctrl＋F 键执行【分层云彩】滤镜命令两次。

（3）选择【滤镜】→【渲染】→【光照效果】命令，参数设置如图 1-73 所示。

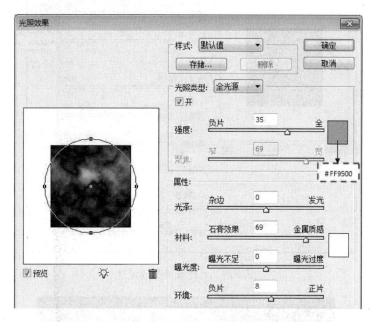

图 1-73 光照效果参数设置

（4）选择【滤镜】→【艺术效果】→【塑料包装】命令，【高光强度】设置为 20，【细节】设置为 15，【平滑度】设置为 15。

（5）选择【滤镜】→【扭曲】→【波纹】命令，【数量】设置为 999％。

（6）选择【滤镜】→【扭曲】→【玻璃】命令，设置【扭曲度】为 20，【平滑度】为 7，【纹理】为磨砂，【缩放】为 70％。

（7）选择【滤镜】→【渲染】→【光照效果】命令，调整光照由中心到左下角，如图 1-74 所示。

【练习三】 使用滤镜修改实验二中制作的蓝色浮雕字，使其达到更好的效果，如图 1-75 所示。

（1）按照实验二的操作介绍制作浮雕字的初步效果。

（2）打开【图层】面板，按住 Ctrl 键单击文字层创建文字选区；然后在文字层上方新建一个图层，重命名为【文字 2】。

注意：选中某图层的同时按 Ctrl 键，表示将该图层载入选区，此时需要单击该层的图标，而不是图层名的位置。

（3）设置前景色为＃7FB9CE，背景颜色为＃4E6E86；选择【滤镜】→【渲染】→【云彩】命令，然后按 Ctrl＋D 键取消选区。

（4）选择【滤镜】→【艺术效果】→【粗糙蜡笔】命令，参数设置如图 1-76 所示。

第 1 章

图形图像处理

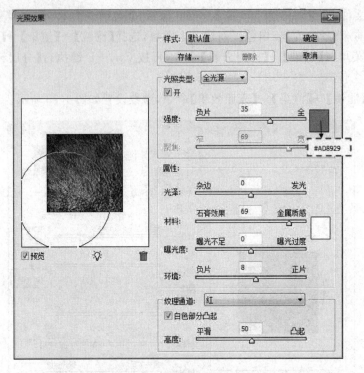

图 1-74 光照效果参数设置

图 1-75 蓝色浮雕字

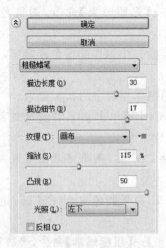

图 1-76 粗糙蜡笔参数设置

（5）设置【文字 2】层的图层混合模式为【叠加】。

（6）在所有图层的上方创建一个新层,选择【画笔工具】,选择一个柔软的圆形笔刷,大小约为 50 像素,设定前景色为♯FFFFFF,然后单击文本中明亮的区域,如图 1-77 所示;然后改变其图层混合模式为【叠加】,使高光部分看起来更亮。最终效果如图 1-75 所示。

图 1-77   修饰明亮的区域

实验四   蒙版的使用

一、实验目的

- 熟练掌握快速蒙版的应用。
- 掌握图层蒙版、矢量蒙版的使用方法。
- 熟练掌握在蒙版中画笔、橡皮等工具的使用。
- 了解路径与选区各自不同的创建方法,并掌握它们的相互转换方法。

二、实验环境

- 硬件要求:微处理器 Intel 奔腾 4、内存 1GB 以上。
- 运行环境:Windows 7/8。
- 应用软件:Photoshop CS5。

三、实验内容与要求

（一）利用快速蒙版创建螺旋状的特殊选区,如图 1-78 所示。

（二）图像合成渐隐的鸭子,效果如图 1-79 所示。

图 1-78   创建螺旋状选区

图 1-79   渐隐的鸭子

（三）使用矢量蒙版截取部分图像，效果如图 1-80 所示。

（四）使用图层蒙版替换部分图像，制作两幅图像拼接的效果，如图 1-81 所示。

图 1-80　矢量蒙版截取部分图像　　　　　图 1-81　两幅图拼接的效果

（五）制作环环相扣的奥运五环旗，效果如图 1-82 所示。

（六）制作多幅图片拼接的效果，如图 1-83 所示。

图 1-82　奥运五环旗　　　　　　　图 1-83　多幅图像拼接的效果

四、实验步骤与指导

（一）创建螺旋状选区。

本例考查利用快速蒙版创建特殊选区的方法。

（1）打开一幅背景图片，在其中任意位置创建一个椭圆选区，如图 1-84 所示。

（2）单击工具箱中的【以快速蒙版模式编辑】按钮，如图 1-85 所示；然后选择【滤镜】→【扭曲】→【旋转扭曲】命令，设置角度为 999 度。

（3）回到标准编辑模式下，此时螺旋状选区创建完毕，填充任意颜色后查看效果。

说明：快速蒙版可以快速创建不规则选区，实验一中的证件照制作过程中已经说明了快速蒙版的用法。

图 1-84　创建选区

图 1-85　【以快速蒙版模式编辑】按钮

（二）制作渐隐的鸭子。

本例考查图层蒙版的使用。

说明：蒙版实质上就是遮挡，下面举例说明其应用。

（1）打开素材中的沙丘和小鸭两幅图片。

（2）使用【移动工具】将小鸭整个图像（包括白色背景）拖到沙丘中，【图层】面板中产生一个新的图层。

（3）使用【魔棒工具】选中小鸭旁边的白色背景，选择【图层】→【图层蒙版】→【隐藏选区】命令，可以看到小鸭层的白色背景都被遮挡了。【图层】面板中小鸭图层后面出现了一个蒙版图标，图标中白色部分是当前层上可以显示的图像，黑色是被遮挡的部分。按住 Shift 键的同时单击蒙版图标，即可关闭蒙版。

（1）在素材中的小鸭图片上使用【魔棒工具】选中小鸭旁边的白色背景，选择【选择】→【反向】命令为整个鸭子创建选区。

（2）使用【移动工具】将小鸭拖到沙丘中，产生一个新的图层。

（3）按 Ctrl＋T 键，变换鸭子的大小并将其移动到合适的位置。

注意：变换图像大小时，同时按住 Alt 键表示围绕中心点缩放；同时按住 Shift 键表示等比例缩放。

（4）在【图层】面板中选中小鸭图层，单击【添加图层蒙版】按钮（或者在【图层】菜单中选择相关命令），如图 1-86 所示。

（5）选择【渐变工具】，在小鸭身上从下到上拖曳绘制黑白线性渐变，此时看到鸭子渐隐在沙丘中，效果如图 1-79 所示。

（三）使用矢量蒙版替换部分图像。

本例考查图层蒙版的使用。

（1）打开素材中的沙丘和向日葵两幅图片，双击【背景】图层解锁。

（2）选择工具箱中的【自定形状工具】，在工具选项栏中单击【路径】按钮并选择心形图案，如图 1-87 所示；然后在向日葵图片上绘制一个心形的路径。

图 1-86　【图层】面板

图形图像处理

图 1-87　工具选项栏参数设置

（3）选择【图层】→【矢量蒙版】→【当前路径】命令，此时可以看到在【图层】面板上产生一个矢量蒙版，黑色表示遮挡的部分，白色表示显示的部分。

（4）使用【移动工具】将心形区域复制到沙丘图片中。

（四）使用蒙版替换部分图像。

本例考查图层蒙版的使用。

（1）打开素材中的牧场小屋图片。

（2）使用【钢笔工具】选择牧场小屋图片中门的区域，然后按 Ctrl＋Enter 键将其变换为选区。

注意：

- 使用【钢笔工具】绘制的是路径，必须将其转换为选区才能完成后续的操作。
- 在操作过程中如果不小心取消了选区，可以选择【窗口】→【路径】命令后在面板中恢复路径和选区。

（3）设置背景色为白色，按 Ctrl＋T 键自由变换选区，将门的宽度缩小，如图 1-88 所示；然后选择【编辑】→【变换】→【扭曲】命令，用鼠标拖动右上和右下两个点实现变形，按 Enter 键确认，做出门打开的效果，如图 1-89 所示。

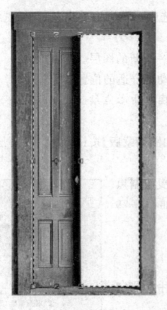

图 1-88　缩小门宽

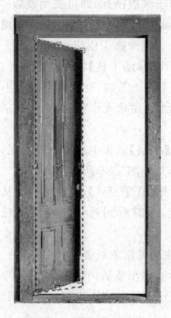

图 1-89　将门拉动变形

（4）按 Ctrl＋D 键取消选区后，使用【魔棒工具】在打开的门外空白处单击，门外部分被选中。

（5）打开素材中的棕榈树图片,使用【矩形选框工具】选择图像中所有区域,选择【编辑】→【拷贝】命令;激活牧场小屋图片,选择【编辑】→【选择性粘贴】→【贴入】命令。

此时可以看到,粘贴进来的棕榈树成为新的图层,刚才创建的白色选区成为该层的图层蒙版,选区之外的图像都被蒙版遮挡。

（五）制作奥运五环旗。

本例考查路径的创建与图层蒙版的应用。

（1）新建文件,尺寸为 700 像素×400 像素,白色背景,RGB 颜色模式。

（2）绘制第一个圆环。

方法一:

① 新建图层,命名为【蓝】;使用【椭圆工具】,结合 Shift 键绘制一个正圆。

注意：该图形是一个路径而非选区。

② 使用【路径选择工具】选定该圆,选择【编辑】→【拷贝】命令,然后选择【编辑】、【粘贴】命令。

③ 按 Ctrl＋T 键自由变换,在工具选项栏中设置缩放 80%,如图 1-90 所示。

图 1-90　工具选项栏

④ 使用【路径选择工具】选定 80%的圆,在选项工具栏中单击【从形状区域减去】按钮,如图 1-91 所示。

图 1-91　从形状区域减去

⑤ 使用【路径选择工具】同时选定两个圆,在选项工具栏中单击【组合】按钮。

⑥ 打开【路径】面板,此时在该面板中有一个圆环路径,按住 Ctrl 键的同时单击该路径将其转换为选区,回到【图层】面板,选中【蓝】图层,填充蓝色。

方法二:

① 新建图层,命名为【蓝】,使用【椭圆选框工具】结合 Shift 键创建一个正圆选区。

② 选择【编辑】→【描边】命令,设置颜色为蓝色,宽度为 20px。

（3）选中【蓝】图层,按 Ctrl＋J 键四次,复制四个圆环图层,依次命名为【黄】、【黑】、【绿】、【红】,并将它们移动到合适的位置。

（4）选中【黄】图层,使用【魔棒工具】选中蓝色区域,填充黄色;依照此方法给其他圆环图层填充相应的颜色,效果如图 1-92 所示。

（5）制作环环相套的效果。

① 选中【黄】图层,使用【魔棒工具】选中所有黄色部分,即创建黄色选区,然后添加图层蒙版。

② 选中【蓝】图层,创建蓝色选区,然后单击【黄】图层的图层蒙版,设置背景色为黑色,使用【橡皮擦工具】擦除下方交叉部分,形成两环相扣的效果,如图 1-93 所示。

图 1-92　初步效果图与各图层叠放次序

图 1-93　两环相扣效果与【图层】面板

说明：若此时设置背景色为白色，则使用【画笔工具】会形成两环相扣的效果。因为在蒙版中，白色表示显示，黑色表示遮挡。

③ 重复上述步骤制作五环相扣的效果，最终效果如图 1-82 所示。

（六）制作多幅图片拼接的效果。

本例考查蒙版的综合应用。

（1）打开素材中的【蓝天与大海】和【香港建筑物】两幅图片，并以【蓝天与大海】图像作为整个合成图像的背景图片。

（2）拼接建筑物图像。

① 将【香港建筑物】图像复制到背景图像中，为了便于区分和记忆，在【图层】面板中改变该图层的名称为【建筑物】。

② 将【建筑物】图层作为当前图层，按 Ctrl＋T 快捷键后将它等比例缩小，并移动到背景图片的右上角位置。

③ 选择【图层】→【添加图层蒙版】→【显示全部】命令，然后选择【渐变工具】，在工具选项栏中设置【前景色到背景色渐变】、【径向渐变】选项，设置前景色为白色，背景色为黑色，在图像上自中心到四周拖曳鼠标，效果如图 1-94 所示。

④ 在【图层】面板中将【不透明度】值调整为 60%。注意观察图像窗口的变化。

（3）拼接汽车图像。

① 打开素材中的汽车文件，并将它移到合成图像窗口中。

② 选择【橡皮工具】，设置它的大小与硬度后擦除其他内容，只留下汽车图像。

图 1-94　拖入建筑物并设置效果

说明：也可以将【羽化半径】设置为 3 像素，使用【多边形套索工具】选取小汽车。

③ 将汽车调整到合适的大小并移动到合成图的公路上。

④ 选择【滤镜】→【风格化】→【风】命令，在弹出的对话框中设置【方法】为风，【方向】从左。

⑤ 选择【滤镜】→【模糊】→【动感模糊】命令，在弹出的对话框中设置【角度】为 32、【距离】为 5 像素，给汽车赋予一种运动模糊，表现汽车在行驶中的动感效果。最终效果如图 1-83 所示。

实验五　通道的使用

一、实验目的

- 掌握通道的创建方法。
- 熟练掌握通道与选区的相互转换。
- 掌握使用通道修正图像色彩的方法。

二、实验环境

- 硬件要求：微处理器 Intel 奔腾 4、内存 1GB 以上。
- 运行环境：Windows 7/8。
- 应用软件：Photoshop CS5。

三、实验内容与要求

（一）给照片制作一个相框，如图 1-95 所示。

（二）制作丝线团的效果图，如图 1-96 所示。

（三）给照片添加特殊的边框和文字效果，如图 1-97 所示。

（四）使用通道校正色彩被损坏的图片，校正前后的效果如图 1-98 所示。

图 1-95　添加相框

图 1-96　丝线团局部效果图

(a) 原图

(b) 添加相框和文字

图 1-97　添加效果前后对比图

(a) 图片校正前

(b) 图片校正后

图 1-98　使用通道校正偏色图像

四、实验步骤与指导

（一）添加相框。

本例考查通道与选区相互转换的方法。

（1）打开素材图片，设置背景色为黑色。

（2）按 Ctrl＋A 键全选，选择【窗口】→【通道】命令打开【通道】面板，单击面板下方的【将选区存储为通道】按钮，将选区保存为 Alpha 1 通道，如图 1-99 所示；再按 Ctrl＋D 键取消选区。

（3）切换到【图层】面板，选择【图像】→【画布大小】命令，调整画布的尺寸，长宽各扩大 100 像素。

（4）切换到【通道】面板，按住 Ctrl 键的同时单击 Alpha 1 通道，得到第 1 步创建的选区；选择【选择】→【反向】命令选中相框部分。

（5）选择【滤镜】→【杂色】→【添加杂色】命令，参数设置如图 1-100 所示。

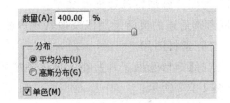

图 1-99　将选区存储为通道　　　　　图 1-100　添加杂色参数设置

（6）选择【滤镜】→【模糊】→【动感模糊】命令，设置【角度】为 0 度，【距离】为 12。

（7）确认相框为选择区域，按 Ctrl＋J 快捷键将相框复制一份到新的图层中，并为该图层添加【斜面和浮雕】效果，选中【内斜面】选项，设置【深度】为 200，【大小】为 5，【角度】为 166。

（二）制作丝线团。

本例考查通道存储颜色的方法。

（1）新建文件，设置尺寸为 500 像素×500 像素，分辨率为 72，背景填充黑色。

（2）切换到【通道】面板，新建通道 Alpha1，如图 1-101 所示。

（3）选择【滤镜】→【渲染】→【分层云彩】命令。

（4）选择【滤镜】→【杂色】→【中间值】命令，将【半径】设置为 30 像素。

（5）选择【滤镜】→【风格化】→【查找边缘】命令。

（6）选择【图像】→【调整】→【色阶】命令，参数设置如图 1-102 所示。

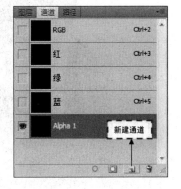

图 1-101　新建通道

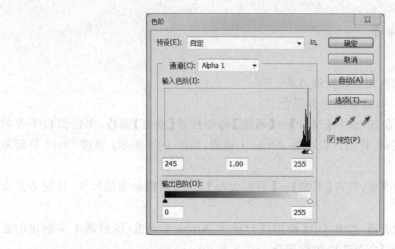

图 1-102　调整色阶

（7）按住 Ctrl 键的同时单击 Alpha1 通道，此时转换为选区；返回【图层】面板，新建【图层 1】，载入 Alpha1 的选区。

（8）选择【选择】→【反向】命令，并用白色填充选区。

说明：通道可以用来保存选区或存储颜色。

（三）为照片添加特殊边框及文字。

本例考查通道的灵活运用以及像素化等滤镜的使用。

（1）打开素材图片。

（2）选择【矩形选框工具】，在工具选项栏中设置【羽化半径】为 80 像素，然后创建一个选区，如图 1-103 所示。

（3）选择【选择】→【反向】命令反选选区，在【通道】面板中单击【将选区存储为通道】按钮，此时创建 Alpha1 通道，然后激活 Alpha1 通道视图。

（4）选择【滤镜】→【像素化】→【晶格化】命令，设置【单元格大小】为 86。

（5）在【通道】面板中按住 Ctrl 键的同时单击 Alpha1 通道载入选区，如图 1-104 所示；然后单击 RGB 复合通道关闭 Alpha1 通道。

图 1-103　创建选区

图 1-104　载入选区

(6) 返回【图层】面板，设置前景色为＃F29A75；新建图层，按 Alt＋Delete 键填充前景色。

(7) 选择【滤镜】→【锐化】→【USM 锐化】命令，设置【数量】为 500％，【半径】为 5 像素，【阈值】为 10 色阶，确定后重复执行 USM 锐化一次。

说明：USM 锐化简单地说就是可控制色阶范围和像素范围的锐化，主要参数含义如下。

- 数量：控制锐化效果的强度。
- 半径：用来决定作边沿强调的像素点的宽度。如果【半径】值为 1，则从亮到暗的整个宽度是两个像素；如果【半径】值为 2，则边沿两边各有两个像素点，那么从亮到暗的整个宽度是 4 个像素。半径越大，细节的差别越清晰，但同时会产生光晕。需要注意的是，最好在设置的时候不要超过 1 个像素，如果需要，可以重复锐化的次数。
- 阈值：决定多大反差的相邻像素边界可以被锐化处理，低于此反差值就不作锐化。阈值的设置是避免因锐化处理而导致斑点和麻点等问题的关键参数，正确设置后就可以使图像既保持平滑的自然色调（例如背景中纯蓝色的天空），又可以对变化细节的反差作出强调。此项在设置的时候推荐值为 3 或 4。需要注意的是，过度锐化会伤害图片。

(8) 设置【图层 1】的图层混合模式为【差值】，【不透明度】为 65％。

(9) 输入文字，设置合适的字体和大小，颜色为＃1AD615，然后栅格化文字。

(10) 在文字层选择【滤镜】→【像素化】→【彩色半调】命令，参数设置如图 1-105 所示。

(11) 设置文字层的图层混合模式为【正片叠底】，【不透明度】为 50％，效果如图 1-97(b)所示。

说明：在【彩色半调】对话框中，【最大半径】用来设置半调图案中最大圆点的大小。

(四) 校正偏色图片。

本例考查通道在调整图像色彩方面的应用。

(1) 打开素材图片，这是一幅严重偏黄的照片。

(2) 打开【通道】面板，检查 RGB 三个通道是否正常，如图 1-106 所示。依次查看【红】、【绿】、【蓝】通道，发现红、绿通道比较正常，而蓝色通道几乎全黑，下面主要针对蓝色通道进行修复。

图 1-105　彩色半调参数设置

图 1-106　【通道】面板

图形图像处理

（3）单击【红】通道，选择【图像】→【调整】→【色阶】命令，发现直方图两端都欠缺，移动左右两个黑白滑标，使它们与峰线对齐，如图 1-107 所示，图像明暗开始增强。

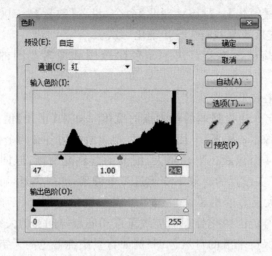

图 1-107　红色通道色阶调整

（4）在【通道】面板中单击【绿】通道，按照上述调整方法对【绿】通道进行色阶调整。

（5）在【通道】面板中单击【蓝】通道，选择【图像】→【应用图像】命令，在弹出的对话框中设置【通道】为【绿】，即表示用调整后的【绿】通道来替换已经损坏的【蓝】通道，【不透明度】设置为 90%，这样做的目的是为了保留少许黄色，其他参数设置如图 1-108 所示。

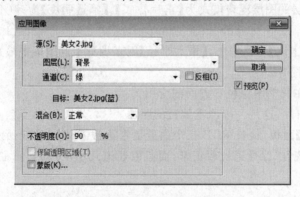

图 1-108　【应用图像】对话框

说明：通过修复通道的方法校正受损的图像，图像质量比使用色阶、曲线和色彩平衡等工具校正的质量更优异；最明显的优点就是图像的色彩和细节更圆滑，没有边缘的锯齿或残色分裂。

实验六　综合实验

一、实验目的

- 熟练掌握染色玻璃等滤镜的使用方法。

- 灵活运用图层样式制作特殊效果。
- 训练运用 Photoshop 基本工具和操作技能制作创意图像的能力。

二、实验环境

- 硬件要求：微处理器 Intel 奔腾 4、内存 1GB 以上。
- 运行环境：Windows 7/8。
- 应用软件：Photoshop CS5。

三、实验内容与要求

（一）制作一份园林艺术展的海报，效果如图 1-109 所示。

（二）制作香浓巧克力图像，效果如图 1-110 所示。

图 1-109　拼接海报

图 1-110　巧克力

（三）制作圣诞节贺卡，效果如图 1-111 所示。

图 1-111　圣诞贺卡

四、实验步骤与指导

（一）拼接海报。

本例考查滤镜、通道、图层样式等的综合应用。

（1）新建一个文件，设置尺寸为15厘米×20厘米，设置前/背景色为白/黑色，并为背景填充黑色。

（2）选择【滤镜】→【纹理】→【染色玻璃】命令，设置【单元格大小】为45，【边框粗细】为8，【光照强度】为0，效果如图1-112所示。

（3）使用【魔棒工具】结合Shift键选择所有黑色区域，打开【通道】面板，单击【将选区存储为通道】按钮，创建Alpha1通道。

说明：也可以单击【路径】面板中的【将选区变换为路径】按钮以备后用。

（4）按Ctrl+D键取消选区并激活【图层】面板。打开素材图片，选择其中一幅，选择【编辑】→【拷贝】命令；然后返回海报中，使用【魔棒工具】选择一块黑色的区域，选择【编辑】→【选择性粘贴】→【贴入】命令；然后按Ctrl+T键变换大小；然后依照此方法依次将其他素材图片粘贴到海报中，效果如图1-113所示。

图1-112　染色玻璃效果　　　　　　　图1-113　初步效果图

（5）打开【通道】面板，按住Ctrl键单击Alpha1通道，将通道转换为选区后选择【选择】→【反向】命令；然后回到【图层】面板中，新建一个图层，将选区填充白色。

（6）双击这个新图层，在【图层样式】对话框中设置【斜面和浮雕】效果，参数设置如图1-114所示。

（7）输入并修饰文字。

① 选中【背景】图层，使用【魔棒工具】点选第一块黑色区域；回到【图层0】中，填充由#FFFFFF到#8EC840的线性渐变，效果如图1-109所示。

图1-114　边框的斜面和浮雕样式设置

② 打开【通道】面板，单击 Alpha1 通道，使用【魔棒工具】选取第二块黑色区域，按 Ctrl＋J 快捷键复制到新图层中；然后将素材中的红砖墙图片【粘贴入】，并缩放为 50%，移动到合适的位置，效果如图 1-109 所示。

③ 双击这个新图层，在【图层样式】对话框中设置【斜面和浮雕】效果，参数设置如图 1-115 所示。

④ 分别输入文字"园林"、"艺术"和"展"，放置在合适的位置上，并做如下设置。

- "园林"：设置为黑色，栅格化文字后，描边 2 像素、白色。
- "艺术"：设置为白色，栅格化文字后，描边 2 像素、黑色。
- "展"：栅格化文字后，单击【图层】面板上的【锁定透明像素】按钮，然后给文字填充由白到黑的线性渐变，并描边 3 像素、白色，整体效果如图 1-109 所示。

（二）制作香浓巧克力。

本例考查图层样式的设置以及路径的相关操作等。

（1）新建一个文件，尺寸为 600 像素×400 像素，分辨率为 200，颜色模式为 RGB，白色背景。

（2）新建【图层 1】，使用【圆角矩形工具】绘制一个矩形，按 Ctrl＋Enter 键转换为选区后填充♯966348 颜色，如图 1-116 所示。

图 1-115　红砖墙斜面和浮雕样式设置　　　　图 1-116　绘制圆角矩形

（3）双击【图层 1】，设置【图层样式】如下。

- 【斜面和浮雕】：参数设置如图 1-117 所示。
- 【光泽等高线】：参数设置如图 1-118 所示。
- 【内发光】：混合模式为【正片叠底】，【不透明度】为 55%，【杂色】为 0%，【颜色】为 ♯966348，【方法】为柔和，【源】为边缘，【阻塞】为 12%，【大小】为 51 像素。
- 【内阴影】：混合模式为【正片叠底】、【颜色】为♯966348，【不透明度】为 75%，【角度】为 132，【距离】为 11 像素，【阻塞】为 6%，【大小】为 16 像素。
- 【投影】：混合模式为【正片叠底】、【颜色】♯000000，【不透明度】60%，【角度】124，【距离】为 17 像素，【扩展】为 0%，【大小】为 32 像素，效果如图 1-119 所示。

（4）新建【图层 2】，使用【钢笔工具】在巧克力上绘制一些线条，如图 1-120 所示。

注意：

- 选择【钢笔工具】后，应在窗口上方的工具选项栏中单击【路径】按钮。
- 绘制线条时，每画完一个线条，要按 Esc 键结束后再进行下一线条的绘制，否则线条会连在一起。

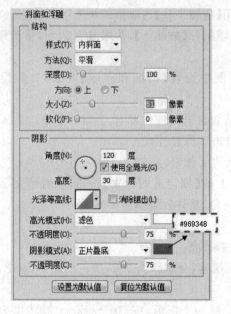

图 1-117　斜面和浮雕样式设置

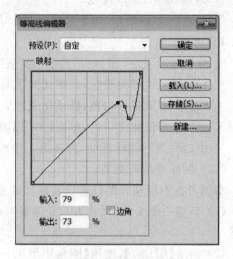

图 1-118　等高线编辑器

图 1-119　初步效果图

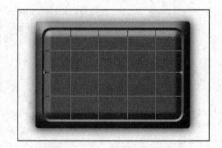

图 1-120　绘制线条

- 线条绘制完毕后,可以使用【钢笔工具】结合 Ctrl 键修改线条的长度、走向等。

(5) 使用【直接选择工具】按住 Shift 键选定所有绘制的线条,打开【路径】面板,单击【用画笔描边路径】按钮,如图 1-121 所示;然后选择【编辑】→【描边】命令,设置宽度 3 像素,颜色＃966348。

(6) 回到【图层】面板,选中【图层 2】,设置图层样式【斜面和浮雕】,如图 1-122 所示。

图 1-121　给路径描边

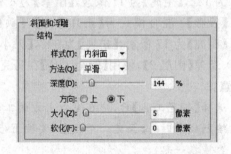

图 1-122　为线条层设置浮雕效果

（7）输入需要的文字，设置字体颜色为#966348，栅格化文字图层，并设置【斜面和浮雕】样式，参数设置如图 1-123 所示。

注意： 将文字和巧克力设置为相同颜色后，会造成后续操作不方便的情况，此时可以先将巧克力层隐藏起来。

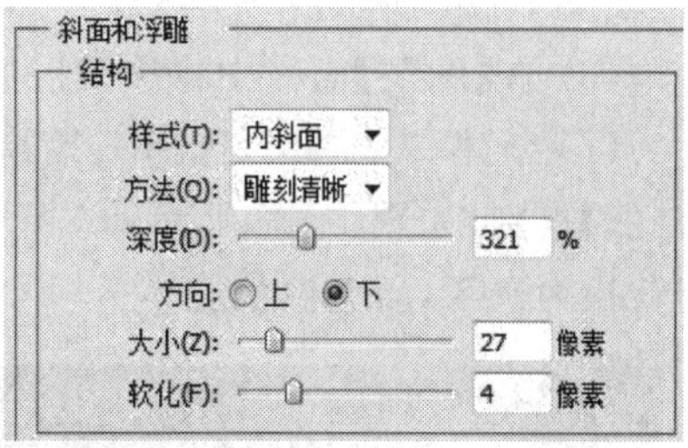

（三）制作圣诞贺卡。

本例考查钢笔工具、画笔工具的灵活运用以及滤镜和图层混合模式的综合应用等。

（1）新建一个尺寸为 1044 像素×700 像素、颜色模式为 RGB、分辨率为 72、背景为白色的文件。

图 1-123　为文字层设置浮雕效果

（2）选择【渐变工具】，前景色和背景色分别设置为深蓝(#153E65)和浅蓝(#465DEB)，在图像中由上到下填充深蓝到浅蓝的渐变，如图 1-124 所示。

（3）使用【钢笔工具】在【背景】图层上绘制一个小岛的形状，按 Ctrl＋Enter 键变换成选区；新建一个图层，填充由浅蓝色到白色的线性渐变。

（4）重复上一步，再绘制一个曲线型小岛，并填充上步中的渐变效果，如图 1-125 所示。

图 1-124　给背景填充渐变色

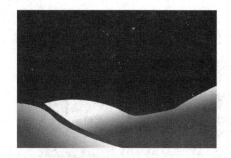

图 1-125　绘制小岛

注意：

- 按 Ctrl＋D 键取消选区后，如果想再选中选区，可以在【路径】面板中选中该路径后，按 Ctrl＋Enter 键恢复原选区。
- 如果对创建的路径不满意，可以使用【直接选择工具】选中【路径面板】中创建的路径后修改锚点或方向线，以达到曲线弧度的改变，如图 1-126 所示。
- 也可以使用【自由钢笔工具】绘制小岛形状。

图 1-126　使用【直接选择工具】修改路径

图形图像处理

（5）新建一个图层，前景色设置为白色，选择【画笔工具】，设置画笔大小为 200，绘制月亮；在工具选项栏中修改【画笔大小】，绘制一些大小不同的圆点，模拟呈现类似星星的形状，如图 1-127 所示。

（6）在【图层】面板中将该图层的【不透明度】调整为 60％左右，达到一种朦胧的效果。

（7）新建一个图层，选择工具箱中的【自定形状工具】，在工具选项栏的【形状】中加载【自然】类别，如图 1-128 所示；选择其中的杉树形状，绘制出几个杉树，然后按 Ctrl＋Enter 键转换为选区，填充白色。

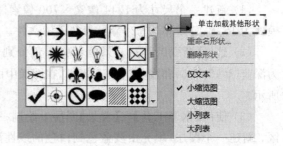

图 1-127　绘制月亮和星星　　　　　图 1-128　工具选项栏中的【形状】选项

（8）按 Ctrl＋J 键复制几个图层，按 Ctrl＋T 键变换大小，制作由远及近的效果；然后将这些图层的【不透明度】调整为 75％，如图 1-129 所示。

图 1-129　添加杉树

（9）新建一个图层，将素材图（圣诞老人）导入，调整大小并将其移动到合适的位置。

（10）选择【横排文字工具】，输入 Merry Christmas，在工具选项栏中调整文字的字形、颜色、大小、形状变形等。

（11）制作下雪的效果。

① 在所有图层上方新建一个图层，填充黑色。

② 选择【滤镜】→【像素化】→【点状化】命令，设置【单元格大小】为 5。

③ 选择【图像】→【调整】→【阈值】命令，设置【阈值色阶】为 255。

说明：阈值是对颜色进行特殊处理的一种方法，具体地说，阈值是一个转换临界点，不管图像是什么样的色彩，阈值最终都会将其当成黑白图像来处理。也就是说，当用户设定了一个阈值之后，图像会以此值为标准，凡是比该值大的颜色都会转换为白色，低于该值的颜色将转换为黑色，最后得到一张黑白的图片。

④ 选择【滤镜】→【模糊】→【动感模糊】命令，设置【角度】为 61，【距离】为 6 像素。

⑤ 再次使用阈值调整雪花大小（阈值色阶适当调整为 128 或其他），并再次使用【动感模糊】滤镜。

⑥ 在【图层】面板中将图层模式改为【滤色】，得到雪花的效果。

说明：滤色模式，在 Photoshop 的其他版本中称为屏幕（Screen），属于使图像色调变亮的系列,混合后的图像色调比原色亮,对混合图层图像色调中的黑色部分进行透明处理,背景图像维持原始状态。

五、拓展练习

【练习】 制作梦幻海底世界,效果如图 1-130 所示。

(1) 打开素材中的水下图。

(2) 使图像更加丰富多彩:复制【背景】图层,将新图层的混合模式设置为【叠加】,选择【滤镜】→【模糊】→【径向模糊】命令,参数设置如图 1-131 所示,使背景图看起来具有动态效果。

图 1-130　梦幻海底效果图

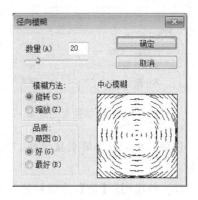

图 1-131　径向模糊参数设置

(3) 加入汽车图像

① 打开素材中的汽车图像,使用【钢笔工具】将汽车轮廓抠出来。

② 按 Ctrl+Enter 键将其转换为选区,复制到水下图中。

注意:如果没有转换为选区而直接复制,复制的就是上一步绘制的汽车形状,而不是汽车本身。

③ 按 Ctrl+T 键后将车调整到合适的大小。

④ 添加一个遮罩层:在【图层】面板下方单击【添加图层蒙版】按钮,使用【画笔工具】将汽车的轮子擦去一点(或用【橡皮工具】,关键看前景色为黑色还是白色),让车子有一个下沉的效果,如图 1-132 所示。

⑤ 双击汽车层,打开【图层样式】对话框,勾选【外发光】复选框,【混合模式】设为【变亮】或【滤色】,将【大小】调大,如图 1-133所示,使汽车呈现发光的效果。

⑥ 选择【编辑】→【变换】→【旋转 90°(顺时针)】命令,将车子顺时针翻转 90°,然后选择【滤镜】→【风格化】→【风】命令,设置【方向】从左,再逆时针旋转 90°。

图 1-132　汽车下沉的效果

（4）新建一个图层，命名为【海底植物】，选择【画笔工具】，在画笔工具选项栏中选择【载入画笔】，如图 1-134 所示，加载素材中的海底植物笔刷，设置前景色为绿色，然后使用画笔在海底绕着四周刷一下。

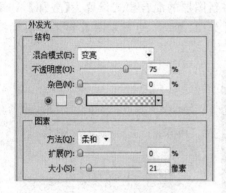

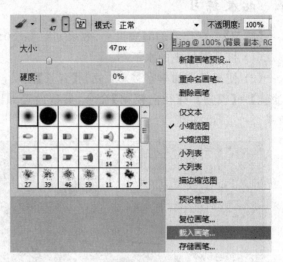

图 1-133　添加外发光效果　　　　　　图 1-134　载入画笔

注意：在绘制出海底植物后，可以使用【橡皮擦工具】擦去不想要的鱼或其他不想要的部分。

（5）新建图层【鱼】，将素材复制到该层中。

① 打开素材中的鱼图片，在某一条鱼的四周建立一个矩形选区后，按 Ctrl+J 键将选区复制到一个新的图层上。

② 使用【魔棒工具】选择四周的蓝色背景（按住 Shift 键增加到选区），然后选择【选择】→【反向】命令，可以将鱼拖动到水下图上。

③ 重复以上步骤，拖动多条鱼。

④ 按 Ctrl+T 键改变鱼的大小、旋转角度等，并拖动到合适的地方。

⑤ 将【海底植物】图层拖到【鱼】图层上方。

（6）添加海星。

① 将素材中的海星图像打开，建立选区后复制到水下图中，然后选择【编辑】→【变换】→【变形】命令。

② 制作海星漂浮的效果：选择【滤镜】→【扭曲】→【波纹】命令。

③ 仿照第（3）步给汽车添加发光效果的方法，再给海星添加发光效果。

（7）添加气球。

① 打开素材中的气球图片，使用【魔棒工具】结合 Shift 键选择周围白色的区域，然后将气球反选并复制到水下图中。

注意：选择【魔棒工具】后，可以调整工具选项栏中的【容差】值来确定选区。

② 复制气球层，按 Ctrl+T 快捷键变换角度、位置后，选择【图像】→【调整】→【色相/饱和度】命令，将复制的气球改变颜色。

③ 仿照以上给汽车添加发光效果的方法，给气球添加发光效果。

（8）添加气泡。

① 新建图层，加载素材中的气泡笔刷，然后选择【画笔工具】，选择加载的笔刷，将画笔大小设置为 70 左右，在新建的图层上绘制，自行调整合适的位置、大小等。

② 在【图层】面板上调整图层的不透明度，使泡泡具有若隐若现的效果。

（9）继续仿照上面的方法添加素材中的鹦鹉及其他元素，最终效果如图 1-130 所示。

第 2 章　二维动画制作

本章相关知识

　　目前常用的二维动画制作软件有 Animo、Toonz、Retas Pro、ImageReady 及 Usanimation 等。ImageReady 是一款优秀的制作 gif 动画的软件，众所周知，gif 动画由于制作简单且体积小，成为一种在网络上非常流行的图形文件格式。Photoshop 早期的版本中捆绑了 ImageReady，但是从 Photoshop CS3 开始，Adobe 公司将 ImageReady 和 Photoshop 整合在一起，用户在 Photoshop 环境下即可轻松地制作 gif 动画。只需打开【动画】面板，即可完成 gif 二维动画制作。本章介绍了两个实验，要求学生熟练掌握使用 Photoshop 制作 gif 动画的相关方法。

实验一　gif 基本动画制作

一、实验目的

- 掌握帧的概念和现代动画制作原理。
- 熟悉【动画】面板的各个组成部分。
- 熟练掌握 gif 动画制作的方法。

二、实验环境

- 硬件要求：微处理器 Intel 奔腾 4、内存 1GB 以上。
- 运行环境：Windows 7/8。
- 应用软件：Photoshop CS5。

三、实验内容与要求

　　（一）制作金属小球在 4 个方位不断弹跳的动画效果，如图 2-1 所示。

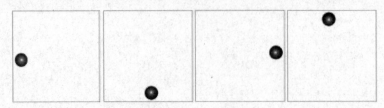

图 2-1　弹跳小球的四帧

（二）制作变形的文字，效果如图 2-2 所示。

图 2-2　变形文字的三帧

（三）制作挥手的动画，效果如图 2-3 所示。

图 2-3　挥手的动画效果

（四）制作渐隐动画效果，如图 2-4 所示。

图 2-4　渐隐动画

四、实验步骤与指导

（一）制作弹跳的小球，小球弹跳的位置如图 2-5 所示。

本例考查在 Photoshop 中制作动画的基本方法。

（1）新建一个尺寸为 400 像素×400 像素、背景为白色、分辨率为 72 的 RGB 图像文件。

（2）新建图层，命名为【层 1】，选择【椭圆选框工具】，并在工具选项栏中【样式】选择【固定大小】，【宽度】和【高度】均为 60px，如图 2-6 所示。然后使用鼠标在画布中的位置 1 处单击，即出现一个圆形选区。

（3）选择【油漆桶工具】，给椭圆形选区填充黑色。

（4）按 Ctrl+D 键取消选区。选中【层 1】，选择【滤镜】→【渲

位置4

位置1　　　　位置3

位置2

图 2-5　各位置分布

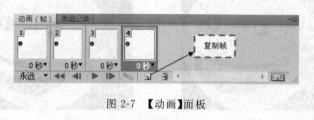

图 2-6　工具选项栏

染】→【镜头光晕】命令，在小球任意位置单击，即给小球加一个发光点，制作立体金属球效果。

（5）在【图层】面板中，分 3 次将【层 1】拖到【创建新图层】按钮上，复制 3 个图层，分别重命名为【层 2】、【层 3】、【层 4】。

（6）使用【移动工具】将各层的小球分别拖到位置 2、位置 3、位置 4 处。

（7）选择【窗口】→【动画】命令打开【动画】面板，单击【复制帧】按钮，如图 2-7 所示，建立 4 个新帧。

图 2-7　【动画】面板

（8）选中第 1 帧，在【图层】面板中将【层 2】、【层 3】、【层 4】图层隐藏起来；将【层 1】和【背景】图层显示出来。【图层】面板如图 2-8 所示。

（9）依照上一步操作，继续设置其余 3 帧。

① 选中第 2 帧，隐藏【层 1】、【层 3】、【层 4】，只显示【层 2】和【背景】图层。

② 选中第 3 帧，隐藏【层 1】、【层 2】、【层 4】，只显示【层 3】和【背景】图层。

③ 选中第 4 帧，隐藏【层 1】、【层 2】、【层 3】，只显示【层 4】和【背景】图层。

（10）在【动画】面板中设置每一帧的延迟时间为 0.2 秒，如图 2-9 所示。

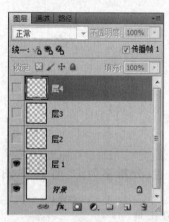

图 2-8　【图层】面板

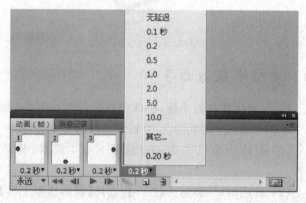

图 2-9　设置延迟时间

（11）单击【动画】面板中的【播放】按钮，观看效果。

（12）选择【文件】→【存储为 Web 所用格式】，在弹出的对话框中设置优化的文件格式为 GIF，【循环选项】为永远，单击【存储】按钮选择存盘路径，最后单击【完成】按钮即可导出 gif 动画文件。

（二）制作变形文字。

本例考查 gif 动画制作的方法及文本工具的选项设置方法。

图 2-10 【字符】面板

（1）新建文件，尺寸设置为 400 像素×200 像素，颜色模式为 RGB，分辨率为 72，背景为白色。

（2）输入文字，在工具选项栏中单击【切换字符和段落面板】按钮，打开【字符】面板，设置字体为 Impact，大小为 36 点，颜色为红色，文字间距为 75，如图 2-10 所示。最后将该层重命名为【文字 1】。

（3）复制文字层，将该层命名为【文字 2】，在工具选项栏中单击【创建文字变形】按钮，如图 2-11 所示，参数设置如图 2-12 所示。

（4）再次复制文字层，将该层命名为【文字 3】，单击【创建文字变形】按钮，设置弯曲−64％。

图 2-11 工具选项栏

（5）选择【窗口】→【动画】命令打开【动画】面板，复制三帧，第 1 帧显示【文字 1】和【背景】图层，第 2 帧显示【文字 2】和【背景】图层，第 3 帧显示【文字 3】和【背景】图层，每帧的延迟时间设置为 0.2 秒。

（6）在【动画】面板中单击【播放动画】按钮，观看效果，然后将文件导出为 GIF 格式。

（三）制作挥手的动画。

本例考查 gif 动画制作的基本步骤和方法。

（1）打开素材中的图片文件。

（2）使用【魔棒工具】结合 Shift 键创建手图像的选区，如图 2-13 所示。然后将手图层复制一份，重命名为【手 2】。

图 2-12 设置样式

（3）打开【动画】面板，单击【复制帧】按钮，生成两帧。

（4）选中第 2 帧，按 Ctrl＋T 快捷键后将中心点移至手的下方，如图 2-14 所示，旋转手，达到挥手的效果。

（5）选中第 1 帧，将【图层】面板中将【手 2】图层隐藏起来，将【手 1】图层显示出来；选中第 2 帧，执行相反的操作。

（6）在【动画】面板中设置两帧的延迟时间均为 0.5 秒，然后单击【播放动画】按钮，观看效果。

（7）选择【文件】→【存储为 Web 所用格式】命令，保存为 GIF 文件。

第 2 章

二维动画制作

图 2-13　创建手形选区

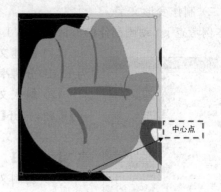

中心点

图 2-14　旋转手

（四）制作礼物渐隐的效果。

本例考查渐隐动画的创建方法。

（1）打开素材图片并将【背景】图层解锁。

（2）新建图层，填充白色，并拖动到【背景】图层下方。

（3）选择【魔棒工具】，在工具选项栏中设置【容差】为 10，在背景层的白色区域单击，选中除礼物外的选区，按 Delete 键删除。

（4）打开【动画】面板，单击【复制帧】按钮，设置第 1 帧显示【图层 0】和【图层 1】，第 2 帧只显示【图层 1】，并设置两帧的延迟时间均为 0.1 秒。

（5）选中第 1 帧，在【动画】面板中单击【过渡帧】按钮，如图 2-15 所示，参数设置如图 2-16 所示。

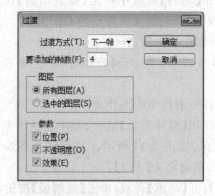

图 2-16　过渡参数设置

过渡帧

图 2-15　【动画】面板

（6）在【动画】面板中单击【播放动画】按钮，观看效果；然后选择【文件】→【存储为 Web 所用格式】命令，保存成 GIF 文件。

五、拓展练习

【练习】　制作 QQ 笑脸动画，效果如图 2-17 所示。

（1）新建一个尺寸为 400 像素×400 像素、颜色模式为 RGB、分辨率为 72、背景为白色的文件。

图 2-17　笑脸动画

（2）绘制脸部：

① 新建图层，按住 Shift 键使用【椭圆选框工具】创建一个正圆选区，并填充径向渐变，各色块设置如图 2-18 所示，然后从圆心向右下拖曳出放射状渐变。

② 选择【编辑】→【描边】命令，为面部加边框，参数设置如图 2-19 所示。然后按 Ctrl＋D 键取消选区。

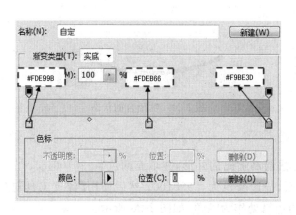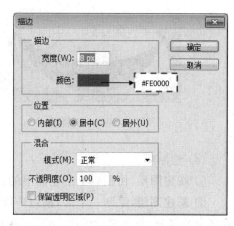

图 2-18　渐变编辑器　　　　　　　　　　图 2-19　描边设置

（3）绘制眼睛和眉毛。

① 新建【眼】图层，建立一个正圆选区，填充白色并描边 5 像素，描边颜色设置为 ♯FE0000。

② 新建【眼珠】图层，创建一个正圆选区填充黑色，继续创建两个正圆选区填充白色，作为眼睛的点缀。

③ 复制眼和眼珠图层，得到【眼 2】、【眼珠 2】图层，将它们移动到对称的位置上，效果如图 2-20 所示。

④ 新建【眉】图层，使用【椭圆选框工具】创建一个椭圆选区，然后按住 Alt 键再创建一个椭圆选区，如图 2-21 所示。

⑤ 为绘制的眉毛形状填充黑色，然后选择【编辑】→【变换】→【扭曲】命令，改变眉毛的形状，如图 2-22 所示。

⑥ 复制【眉】图层，得到【眉 2】图层，水平翻转后移动到对称的位置上，作为笑脸的另一只眉毛，如图 2-25 所示。

图 2-20　绘制眼睛

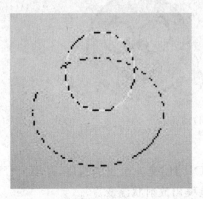

图 2-21　绘制眉毛

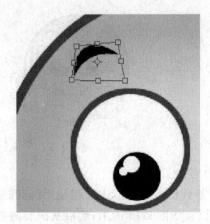

图 2-22　扭曲

图 2-23　绘制嘴

图 2-24　嘴闭合的状态

（4）绘制嘴。

① 新建图层，仿照以上绘制眉毛的方法绘制嘴巴的外形，并填充颜色＃990100。

② 新建图层，绘制一个圆，描边 8 像素，描边颜色为＃990100；然后使用【橡皮工具】擦除多余的部分，留下两段弧线，放置在嘴的边缘处作为嘴角，如图 2-23 所示。

③ 新建图层，使用【钢笔工具】画出舌头的大致形状，用【直接选择工具】精细调整；然后变换为选区，填充颜色＃FE0000。

④ 合并以上三个图层，重命名为【嘴】，效果如图 2-23 所示。

⑤ 动画需要展现嘴张开和闭合的两种状态，复制【嘴】图层，重命名为【嘴 2】，使用【钢笔工具】绘制嘴闭合的状态，填充相同的颜色，如图 2-24 所示。

注意：如果使用【钢笔工具】绘制的效果不理想，可以创建一个和嘴张开状态相近弧度的椭圆选区，描边后用橡皮擦除不要的部分，留下一段弧线作为嘴闭合的状态。

（5）绘制手。

① 新建图层【手】，使用【椭圆选框工具】创建一个圆选区，然后按住 Shift 键再创建一个圆选区，将两个圆作为手臂的形状，填充和脸部类似的径向渐变色。

② 为手的形状描边，宽度为 8 像素，颜色为＃FE0000，复制图层得到【手 2】层，水平翻转后移动到合适的位置，效果如图 2-25 所示。

（6）选择【窗口】→【动画】命令打开【动画】面板。单击【复制帧】按钮，得到一个新帧，设置第 1 帧的状态如图 2-24 所示；设置第 2 帧显示【嘴】图层，隐藏【嘴 2】图层，并将手、眼珠、眉毛都移动到合适的位置，如图 2-26 所示；然后将每一帧的延迟时间设置为 0.3 秒。

图 2-25　第 1 帧

图 2-26　第 2 帧

（7）单击【播放动画】按钮观看效果，然后选择【文件】→【存储为 Web 所用格式】命令，保存为 GIF 文件。

实验二　gif 综合动画制作

一、实验目的

训练熟练运用 Photoshop 制作复杂动画的能力。

二、实验环境

- 硬件要求：微处理器 Intel 奔腾 4，内存 1GB 以上。
- 运行环境：Windows 7/8。
- 应用软件：Photoshop CS5。

三、实验内容与要求

（一）制作网店的霓虹灯招牌动画效果，效果如图 2-27 所示。

图 2-27　网店招牌动画

（二）制作 LED 文字动画效果，如图 2-28 所示。

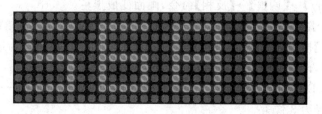
图 2-28　LED 文字

第 2 章

二维动画制作

（三）制作旋转光粒动画效果，如图 2-29 所示。

四、实验步骤与指导

（一）制作网店霓虹灯招牌。

本例考查较复杂动画的制作技能。

（1）新建文件，设置尺寸为 600 像素×350 像素，背景为白色，分辨率为 72。

（2）输入文字，设置合适的字体、大小、颜色等；然后新建一个图层，再按 Shift＋Ctrl＋Alt＋E 盖印图层。

图 2-29　旋转光粒动画

说明：盖印就是在处理图片的时候将处理后的效果盖印到新的图层上，功能和合并图层类似，但比合并图层更好用。因为盖印是重新生成一个新的图层，而不会影响之前所处理的图层，这样做的好处就是如果觉得效果不满意，可以删除盖印图层，之前做的效果依然存在，极大地方便了用户处理图片。

（3）选择盖印图层，选择【滤镜】→【模糊】→【高斯模糊】命令，设置半径为 4 像素。

（4）选择【图像】→【调整】→【曲线】命令，调整曲线，如图 2-30 所示。

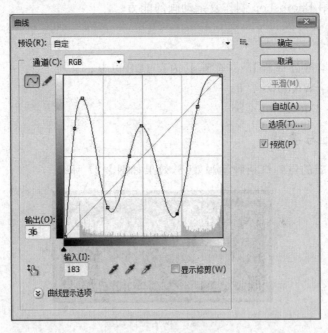

图 2-30　调整曲线

（5）选择【图像】→【调整】→【反相】命令，画面变成黑色。

（6）新建一个图层，命名为【边框】，设置前景色为黑色，选择【圆角矩形工具】，在工具选项栏中单击【路径】按钮，然后绘制外边框，并按 Ctrl＋Enter 快捷键作为选区载入；选择【编辑】→【描边】命令，设置宽度为 20，颜色为＃FFFF00。

（7）按 Ctrl＋D 快捷键取消选区。在【边框】图层上，选择【滤镜】→【模糊】→【高斯模糊】命令，设置半径为 3 像素。

（8）新建图层，命名为【花朵】，将素材中的花拖入作为装饰。

（9）新建图层，使用一种七彩渐变色在该层上绘制一个线性渐变，将图层混合模式改为【颜色】，如图2-31所示。

（10）再新建四个图层，分别绘制各种渐变色，图层混合模式都设置为【颜色】，如图2-32所示。

图2-31　设置图层混合模式

图2-32　五个渐变层

（11）打开【动画】面板，设置延迟时间为0.2秒，然后复制4帧，动画一共有5帧，每一帧都只显示一种渐变色。

（12）分别选中5帧后单击【复制帧】按钮，这样就得到一共10帧的动画，每两帧是相同的，分别选中第2、4、6、8、10帧，在【图层】面板中设置它们的图层不透明度为50%；第1、3、5、7、9帧的图层透明度仍为100%。

（13）在【花】图层中加入卡通图像等元素，使动画效果更好。

（二）制作LED文字动画。

本例考查较复杂动画的制作技能。

（1）新建文件，尺寸为600像素×200像素，分辨率为72，背景填充颜色为♯121117；新建"图层1"，使用【椭圆选框工具】在画布左上角绘制很小的正圆选区，填充颜色为♯676668，如图2-33所示。

图2-33　创建正圆选区并填充灰色

（2）打开【动作】面板，新建动作，如图2-34所示；设置快捷键为F2，将圆点复制并向下移动后，单击【停止记录】按钮；然后多次按F2，直到画布竖行排列满圆点后，合并除【背景】

图层外的所有图层。

(3) 打开【动作】面板，新建动作；快捷键设置为 F3，复制竖排圆点并向右移动，结束记录。多次按 F3，直到图像排满圆点后，合并除【背景】图层外的所有图层，效果如图 2-35 所示。

(4) 复制【圆点】图层，重命名为【文字】，隐藏【圆点】图层，打开标尺，使用鼠标拖出参考线，然后再用【矩形选框工具】删掉多余的点，留出字，如图 2-36 所示。

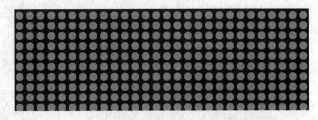

图 2-35　布满圆点

图 2-34　【动作】面板

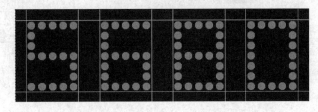

图 2-36　通过删除得到字的轮廓

(5) 给【文字】层添加【图层样式】，设置如下。

① 外发光：红色光（♯FF0000），扩展 5，大小 10。

② 内发光：红色光，阻塞 15，大小 95。

③ 光泽：红色，不透明度 35%，角度 60，距离 4，大小 0。

④ 颜色叠加：橘黄色，不透明度 95%。

说明：如果觉得效果不明显，可以将文字层再复制一份，然后和原来的文字层合并，加强效果。

(6) 打开【动画】面板，制作动画：设置第一帧秒数为 0.1 秒，显示【圆点】图层后，对照圆点的位置将【文字】图层的文字拉到最右边。

注意：操作时，文字的圆点一定要与【圆点】图层的圆点对齐。

(7) 打开【动作】面板，新建动作，快捷键设置为 F4；添加帧，并将文字向左移动一个圆点的位置，直到文字从左边消失后，结束记录；按 F4 键，或者单击【播放动画】按钮观察动画效果。

（三）制作旋转光粒动画。

本例考查较复杂动画的制作技能。

(1) 新建文件，尺寸为 500 像素×500 像素、颜色模式为 RGB、分辨率为 72、背景为白色。

(2) 给【背景】图层填充黑色，选择【视图】→【标尺】命令，然后在画布上横纵向分别拖出参考线到画布中间位置，如图 2-37 所示。

（3）新建【图层1】，用工具箱中的【矩形选框工具】画一长方形，并填充颜色♯FFFF00，再按 Ctrl＋T 快捷键自由变换，如图 2-38 所示。

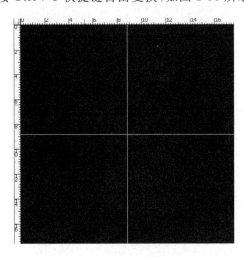

图 2-37　参考线拉到中间位置　　　　　　　　图 2-38　绘制矩形

（4）再次按 Ctrl＋T 快捷键自由变换，将矩形的中心点移动到参考线的中心交点上，并在工具选项栏中设置变换角度为 8 度，如图 2-39 所示。按 Enter 键确定变形。

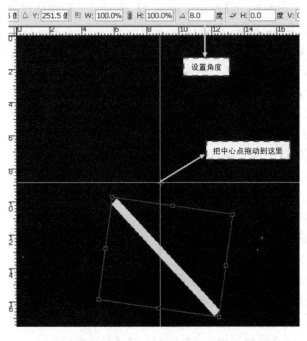

图 2-39　自由变换

（5）按快捷键 Shift＋Ctrl＋Alt＋T，复制并变换【图层1】；重复变换操作，直到出现如图 2-40 的效果为止，然后合并除了【背景】图层以外的所有图层，并命名为【图层1】。

（6）新建【图层2】，按 Ctrl 键单击【图层1】载入选区，选择【选择】→【反向】命令，在【图层2】上填充任意颜色后取消选区。

二维动画制作

(7) 对【图层 2】设置图层样式,在【高级混合】选项栏中,将【填充不透明度】改为 0%,【挖空】选择为【深】,如图 2-41 所示。

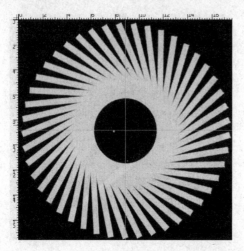

图 2-40 多次复制后得到的图形

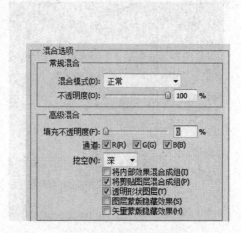

图 2-41 设置图层样式

(8) 复制【图层 2】,生成【图层 2 副本】;选中【图层 2 副本】,选择【编辑】→【变换】→【水平翻转】命令。

(9) 复制【图层 2 副本】生成【图层 2 副本 2】,按 Ctrl+T 快捷键自由变换,在工具选项栏中设置角度为-1 度,按 Enter 键确认。

(10) 继续复制【图层 2 副本 2】,按 Ctrl+T 快捷键,设置属性角度为-1 度,按 Enter 键确认;按此方法一直复制到【图层 2 副本 7】。

(11) 裁切图像,去掉边缘的杂点;然后打开【动画】面板,设置第 1 帧的延迟时间为 0.1 秒;然后复制 11 帧,各帧显示/隐藏图层如下。

① 第 1 帧,显示所有图层。

② 第 2 帧,只隐藏【图层 2 副本 7】。

③ 第 3 帧,只隐藏【图层 2 副本 6】。

④ 第 4 帧,只隐藏【图层 2 副本 5】。

⑤ 第 5 帧,只隐藏【图层 2 副本 4】。

⑥ 第 6 帧,只隐藏【图层 2 副本 3】。

⑦ 第 7 帧,只隐藏【图层 2 副本 2】。

⑧ 第 8 帧,只显示【图层 2 副本 2】、【图层 1】、【背景】图层。

⑨ 第 9 帧,只显示【图层 2 副本 3】、【图层 1】、【背景】图层。

⑩ 第 10 帧,只显示【图层 2 副本 4】、【图层 1】、【背景】图层。

⑪ 第 11 帧,只显示【图层 2 副本 5】、【图层 1】、【背景】图层。

⑫ 第 12 帧,只显示【图层 2 副本 6】、【图层 1】、【背景】图层。

(12) 测试动画观看效果,最后将文件保存为 GIF 格式。

第3章 Flash 动画制作

本章相关知识

随着网络技术的发展以及宽带网络的出现,人们对网页效果的要求越来越高,静态网页已经不能满足人们的需求,因此动态网页制作,即网页动画成为网页制作的重要组成部分。但是由于网络带宽的限制,在网页上放置过大的动画文件是不现实的,目前广泛使用的 gif 动画不支持交互操作和音效,而且色彩深度较低,难以满足用户的视听需求。Flash 的出现解决了上述问题。Flash 是一种集动画创作与应用程序开发于一身的创作软件,它具有文体体积小、流式播放、交互功能强大和多媒体效果丰富等特点,并且易学易用,可以赋予动画设计与制作以更多的创意空间。

Flash 为创建数字动画、交互式 Web 站点、桌面应用程序以及开发手机应用程序提供了功能全面的创作和编辑环境,用户可以快速设计简单的动画,使用 ActionScript 开发高级的交互式项目。学习 Flash,首先必须明确以下几个基本概念。

1. 帧

动画的原理是利用人的视觉暂留现象,即当物体从眼前经过,其影像仍会在人们的视网膜上停留 $1/16s$ 的现象,当画面连续播放时,就会产生动起来的感觉。动画就是用逐格(帧)制作工艺和逐格(帧)拍摄技术创造性地还原自然运动形态的技术手段。动画中的每个画面在 Flash 中称为一帧,动画就是由一帧一帧的画面组成。在 Flash 中,帧就是画面、画格的意思,是构成 Flash 动画的基本单位。

2. 时间轴

时间轴是由控制影片播放的帧和图层组成的,它是 Flash 动画的关键部分,用于组织和控制播放的层数和帧数。Flash 动画作品都以时间为顺序,由先后排列的一系列帧组成。

3. 图层

在【时间轴】面板中,图层可以看成透明胶片,它们相互叠加在一起,并由此形成一定的遮挡关系。用户可以在每个图层上绘制、编辑文档中的插图、动画和其他元素,每个图层相对独立,编辑时不会影响到其他图层。

4. 场景

场景在 Flash 动画中相当于一场或者是一幕,主要是用来组织动画。例如,可以使用单独的场景作为简介、出现的消息以及片头片尾字幕。使用场景类似于将几个 swf 文件组织在一起创建一个较大的动画文件,每个场景都有各自的【时间轴】面板,当播放头到达一个场景的最后一帧时,播放头将前进到下一个场景。本章以 Flash CS5 为平台,介绍了六个实验,要求学生熟练掌握使用 Flash 制作动画的方法。

实验一 常用工具的使用

一、实验目的

- 熟悉 Flash CS5 的工作界面。
- 熟练掌握工具箱中各种常用工具的使用方法和操作技巧。
- 熟悉【变形】面板、【属性】面板和【颜色】面板的功能及使用。
- 掌握【时间轴】面板的使用。
- 熟悉图层的相关操作。
- 掌握初步的绘图技能。

二、实验环境

- 硬件要求：微处理器 Intel 奔腾 4，内存 1GB 以上。
- 运行环境：Windows 7/8。
- 应用软件：Flash CS5。

三、实验内容与要求

（一）制作彩虹字，效果如图 3-1 所示。

（二）绘制心形图案，效果如图 3-2 所示。

图 3-1　七彩字　　　　　　　　　　　图 3-2　心形

（三）使用图片填充文字，效果如图 3-3 所示。

（四）制作发光字，效果如图 3-4 所示。

图 3-3　图片填充文字　　　　　　　　图 3-4　发光字

（五）绘制漂亮的花朵图案，效果如图 3-5 所示。

（六）制作邮票图案，效果如图 3-6 所示。

图 3-5　花朵

图 3-6　邮票

（七）绘制草原夜色美景图，效果如图 3-7 所示。

图 3-7　草原夜色

（八）利用系统提供的模板制作浏览照片的动画效果。

（九）绘制卡通形象小熊，如图 3-8 所示。

（十）绘制 QQ 笑脸表情，效果如图 3-9 所示。

图 3-8　小熊

图 3-9　笑脸

四、实验步骤与指导

（一）制作七彩文字。

本例考查文字属性的设置、分离功能的应用、颜料桶工具的使用。

（1）新建 Flash 文档。

（2）使用工具箱中的【文本工具】输入文字，选择【窗口】→【属性】命令打开【属性】面板，给文字设置合适的字体和大小。

（3）连续两次选择【修改】→【分离】命令，第一次将文字分成单个的个体，第二次将一个个独立的文字分离成形状。

注意：只有将文字分离为形状后，才能对其填充渐变色，否则只能填充纯色；但是当文字分离为形状后，不可再修改文字的字体、字号等。

（4）选择工具箱中的【颜料桶工具】，选择七彩色填充文字。

（5）选择【文件】→【保存】命令，选择存盘路径后，保存为 fla 格式文件。

（二）绘制心形图案。

本例考查选择工具、部分选取工具在改变图形形状方面的灵活运用。

（1）新建文档，选择【窗口】→【属性】命令打开【属性】面板，设置文档大小为 400×400 像素，帧频为 18fps。

（2）选择【椭圆工具】，设置笔触无色，按住 Shift 键拖动鼠标，绘制一个无边框色的正圆。

（3）复制此圆，并调整位置。

（4）使用【部分选取工具】单击两个圆的边界，如图 3-10 所示。

（5）使用【部分选取工具】拖动舞台中最下边的锚点到合适的位置，如图 3-11 所示。

图 3-10　单击边界　　　　　　　　　　　图 3-11　将形状变形

（6）分别选中两侧多余的锚点，按 Delete 键删除。心形制作完毕。

（7）打开【颜色】面板，设置由白到红的径向渐变，如图 3-12 所示，并填充到心形图案上。

（8）保存文件。

（三）制作图片填充文字特效。

本例考查文本工具的使用以及使用图片填充文字的操作。

（1）新建 Flash 文档，在【属性】面板中设置文档背景色为 #9966FF，如图 3-13 所示。

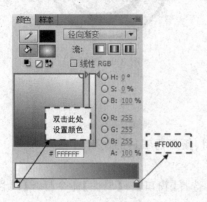 

图 3-12　【颜色】面板　　　　　　　　图 3-13　【属性】面板

（2）选择【文件】→【导入】→【导入到库】命令，将背景图片导入库中待用。

（3）选择工具箱中的【文本工具】，输入文字，设置合适的字体、大小，文字颜色为黑色。

（4）连续两次选择【修改】→【分离】命令，将文字分离成形状。

（5）选择工具箱中的【墨水瓶工具】，将【笔触颜色】设置为红色，反复单击文字边框，勾出文字的轮廓，如图 3-14 所示。

注意： 使用【墨水瓶工具】为文字添加边框时，事先不要使文字处于被选中的状态。

（6）使用【选择工具】点选文字的内部黑色部分，按 Delete 键删除文字中黑色的色块，制作成空心字效果，如图 3-15 所示。

图 3-14　勾出文字的边框　　　　　　　　　　　　图 3-15　空心字

注意： 如果发生无法准确选定的情况，可以在场景中放大舞台的缩放比例为 200% 甚至更高。

（7）选择工具箱中的【颜料桶工具】，单击【窗口】→【颜色】，打开【颜色】面板，在【颜色类型】下拉列表中选择【位图填充】，如图 3-16 所示；然后将鼠标指针移动到【颜色】面板下方的位图缩略图上，此时鼠标变成吸管状，在缩略图上单击；然后将鼠标指针移到舞台中，填充背景图到空心字中。

（8）使用工具箱中的【选择工具】双击点选文字的边框线，然后按 Delete 键删除文字的边框线。

（9）选择工具箱中的【渐变变形工具】，单击文字，拖动变形手柄调整填充的效果，如图 3-17 所示。

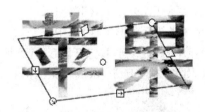

图 3-16　【颜色】面板　　　　　　　　　　　　图 3-17　填充位图

（10）选择工具箱中的【任意变形工具】，选中所有文字，然后单击工具选项栏中的【封套】按钮，文字周围出现许多控制点，用鼠标拖动控制点，调整文字的形状，将其修改为波浪字等形状。

（11）保存文件。

（四）制作发光字。

本例考查【墨水瓶工具】的使用及柔化填充边缘功能的使用。

（1）新建一个文档，使用【文本工具】输入文本，设置合适的字体、大小和颜色。

（2）选中文字，选择【修改】→【分离】命令两次，将文字打散。

（3）选择工具箱中的【墨水瓶工具】，在【属性】面板中设置【笔触高度】为3、【笔触颜色】为 ♯ FFFF66；将鼠标指针移到舞台中，依次选中各个文字的边框，如图 3-18 所示。

（4）使用【选择工具】和 Delete 键，将文字除边框以外的所有内容删除；然后结合 Shift 键，选中文字的全部边框。

（5）选择【修改】→【形状】→【将线条转换为填充】命令，然后选择【修改】→【形状】→【柔化填充边缘】命令，参数设置如图 3-19 所示。

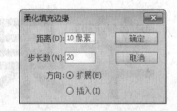

图 3-18　点选文字边框　　　　　　图 3-19　柔化填充边缘参数设置

说明：【柔化填充边缘】命令常常用于为图形的边缘增加朦胧效果，对话框中，【距离】表示柔化边缘的宽度，【步长数】用来控制柔化边缘效果的曲线数。

（6）选择【文件】→【导出】→【导出图像】命令，将文件导出为 swf 格式。

（五）绘制花朵图案。

本例考查常用工具和【变形】面板的使用。

（1）使用工具箱中的【椭圆工具】绘制一个黑色边框的椭圆，填充由白到橘红的渐变色。

（2）使用【部分选取工具】单击椭圆的边框线，边框线四周出现多个锚点，用鼠标将最上方的锚点往下拖动，操作过程如图 3-20 所示。

（3）选择【选择工具】，将鼠标指针移到边框周围，当鼠标指针下方出现一个弧线形状时，拖动进行调整；最后双击边框线，再按 Delete 键删除。

（4）选择【部分选择工具】，拖动最下方那个锚点，如图 3-20 所示。

（5）反复使用【选择工具】调整弧度，使它看起来更像一个花瓣。

（6）使用【任意变形工具】选中花瓣，将中心点移到花瓣最下方，如图 3-21 所示；然后在【对齐】面板中选择【变形】，打开【变形】面板，设置旋转角度为 36°，单击【复制并应用变形】按钮 9 次，如图 3-22 所示，做成花朵的形状。

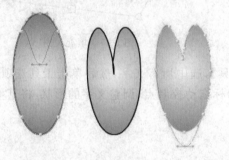
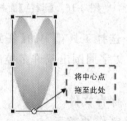

图 3-20　花瓣制作过程　　　　　　　图 3-21　拖动中心点

66

（7）进一步将做好的花朵布局成图案作为网页的背景。

① 选中所有花瓣，选择【修改】→【组合】命令组合为一个对象。

② 选中花朵，按 Ctrl 键拖动复制几份；同时选中几个花朵，单击【对齐】面板中的【水平居中分布】按钮，使它们均匀排列。

③ 复制一个花朵，等比例缩小后复制几份，均匀分布在舞台中。

④ 将做好的两排花朵复制几份，布满整个舞台，如图 3-23 所示。

图 3-22 【变形】面板

图 3-23 制作成背景图

（六）制作邮票图案。

本例考查图形边框的特殊设置方法。

（1）新建文档，设置大小为默认值 550×400 像素。

（2）选择【文件】→【导入】→【导入到库】命令，导入素材图片到库，并将图片拖入舞台中；然后使用【属性】面板调整图片大小为 520×377 像素，如图 3-24 所示。选择【窗口】→【对齐】命令，打开【对齐】面板，勾选【与舞台对齐】复选框，单击【水平中齐】按钮、【垂直中齐】按钮，使之位于舞台中央。如图 3-25 所示。

图 3-24 设置图片尺寸

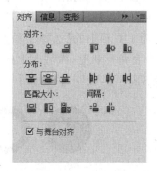

图 3-25 【对齐】面板的设置

（3）在当前图层的左下角和右上角的位置分别输入"80 分"、"中国邮政 CHINA"等字样，如图 3-6 所示。

（4）新建图层，使用工具箱中的【矩形工具】绘制比图片尺寸略大的矩形（可以设置与文档尺寸相同）；调整其位置，使它刚好覆盖整个文档；然后设置它的边框线为红色，填充色为黑色。

67

第3章

（5）在【时间轴】面板上调整两图层的位置，然后使用【选择工具】双击矩形的边框，设置【粗细】为 20 点，单击【确定】按钮，做如图 3-26 所示的设置。

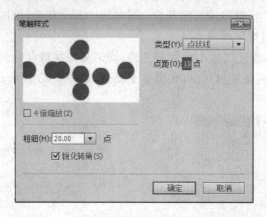

图 3-26　设置笔触样式

（6）继续选中矩形的边框线，选择【修改】→【形状】→【将线条转换为填充】命令，再使用【选择工具】选中矩形内部黑色的部分，单击【剪切】按钮。

（7）删除【图层 2】（矩形层），新建一个图层，右击，选择【粘贴到当前位置】命令，将刚才剪切掉的白色部分都粘贴过来。

注意：如果锯齿孔较小，可以将图片的尺寸调整小一些，然后对齐。

（8）选择【文件】→【导出】→【导出图像】命令，将文件导出为 swf 格式。

（七）绘制草原夜色效果图。

本例训练基本绘图能力和绘图技巧。

（1）绘制草地。

① 新建文档，设置背景颜色为＃1E4564，其他为默认值。

② 选择工具箱中的【矩形工具】，绘制一个无边框的矩形，填充色为＃0B2604。

③ 单击【对齐】面板上的【匹配宽度】按钮和【底对齐】按钮，调整矩形的位置和大小。

④ 选择工具箱中的【选择工具】，将鼠标指针移到矩形右上角的边角处，当鼠标指针下方出现一个直角形状时，微微向上拖动鼠标，如图 3-7 所示。

（2）绘制小河，绘制过程如图 3-27 所示。

图 3-27　小河绘制过程

① 选择【椭圆工具】，绘制一个无边框的正圆，填充色为＃A2AFC0。

② 在旁边再绘制一个小的正圆（填充其他颜色），选中两个圆，分别单击【对齐】面板上的【垂直中齐】和【水平中齐】按钮，再选择【修改】→【分离】命令；然后选择中间的小圆，按 Delete 键删除，得到一个圆环。

③ 使用【选择工具】选择圆环下半部分，按 Delete 键删除。

④ 继续使用【选择工具】调整半圆环的形状,再将鼠标指针移到半圆环端点,当鼠标指针下方出现一个直角形状时,拖动鼠标调整半圆环的形状。

⑤ 拖动小河图形到合适的位置。

注意:不要直接在草地上绘制小河,要制作完毕后再移动到草地上。这是因为在同一个图层中,直接在一个形状上绘制另一个形状,两个形状容易互相影响,不利于对图形进行编辑。

(3) 绘制毛毡房,绘制过程如图 3-28 所示。

① 选择【矩形工具】,绘制一个无框矩形,填充色为#3C2B33。

② 选择【选择工具】,将鼠标指针移到矩形的两个角上拖动,将矩形改为梯形。

③ 复制画好的梯形,尺寸改小一些,填充色调整为#FFFF80,并移动到大梯形的内部。

④ 继续使用【矩形工具】在梯形下方画一个无框矩形,填充#2B1E24。

⑤ 选择【线条工具】,设置【笔触颜色】为#3C2B33,在矩形上画两条线段。

图 3-28　毛毡房绘制过程

⑥ 复制一个房子图形,调整好大小后移动到草地的合适位置上。

(4) 绘制月牙,绘制过程如图 3-29 所示。

① 选择【椭圆工具】,绘制一个无边框的正圆,填充白色。

③ 在旁边绘制一个无边框略大的正圆,填充另一种颜色。

③ 将大圆移动到小圆上,分离后选中大圆,按 Delete 键删除,得到月牙形状。

图 3-29　月牙的绘制过程

④ 选中月牙,选择【修改】→【形状】→【柔化填充边缘】命令,在弹出的对话框中设置【距离】为 10 像素,【步长数】为 4,使月牙的边缘处变得朦胧。

(5) 绘制星星。

① 选择工具箱中的【多角星形工具】,在【属性】面板中设置【笔触颜色】为无,【填充颜色】为白色;单击【属性】面板中的【选项】按钮,在【样式】下拉列表中选择【星形】,【边数】为 4,如图 3-30 所示。

② 在舞台上复制多个星星,并调整它们的大小和位置。

(6) 保存文件为 fla 格式。

图 3-30　多角形选项设置

（八）使用系统模板制作浏览照片的动画效果。

本例考查系统提供模板的使用。

（1）选择【文件】→【新建】命令，切换到【模板】选项卡，在【类别】列表框中选择【媒体播放】，在【模板】列表框中选择【简单相册】，如图 3-31 所示。

（2）该模板文档是一个有四幅图片的完整动画，此时可以按 Ctrl＋Enter 快捷键观看效果；然后打开【库】面板观察其中的元件，如图 3-32 所示。如果想放入自己的图片，可以选择【文件】→【导入】→【导入到库】命令，将自己的图片导入库中待用。

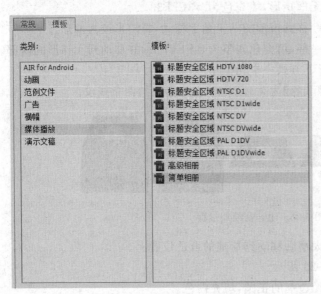

图 3-31　选择系统提供的模板　　　　　　　　　　图 3-32　【库】面板

（3）观察【时间轴】面板，如图 3-33 所示，找到图像所在的图层【图像/标题】。并选中第 1 帧的第一幅图，在【属性】面板中单击【交换】按钮，如图 3-34 所示。在随即弹出的【交换图像】对话框中选择自己要展示的图像文件的名称，单击【确定】按钮后即可在原位置交换图像，然后改变图片的大小以适应屏幕。

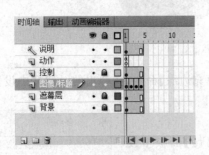

图 3-33　【时间轴】面板　　　　　　　　　　　图 3-34　交换元件

（4）依照上面的方法，变更其他三幅图片；然后按 Ctrl＋Enter 快捷键测试影片。

注意：

① 也可以不用【交换】按钮，直接选择模板文件中包含图片的那一层后选择图片，删除

后再拖动想要的图片到舞台中即可。

② 如果导入库的图片尺寸过大，可以先创建元件，将图片依次拖入元件舞台中调整至大小和模板里的图片相同。

（5）选择【文件】→【导出】→【导出影片】命令，将文件导出为 swf 格式。

（九）绘制小熊。

本例考查 Flash 基本绘图能力。

（1）新建文档，选择【椭圆工具】，设置边框为黑色、【笔触高度】为 1.5，填充色为 ♯663300，分别绘制三个圆；然后将小圆拖变形制作成耳廓的形状，过程如图 3-35 所示。

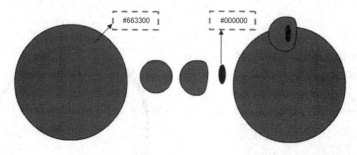

图 3-35　小熊头部绘制过程

（2）新建"嘴"、"鼻子"两个图层，使用【椭圆工具】绘制一个椭圆，再使用【选择工具】拖动边缘处拉动变形以制作成嘴的形状，并填充♯E6D3AA；然后绘制黑色的鼻子，过程如图 3-36 所示。

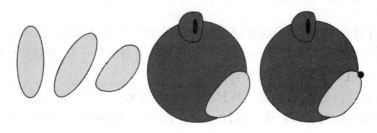

图 3-36　嘴唇和鼻子的绘制过程

（3）新建图层【线条】，分别使用【线条工具】绘制眼睛、嘴巴的线条，然后用【选择工具】拖出弧度，如图 3-37 所示。最后导出 swf 格式的文件。

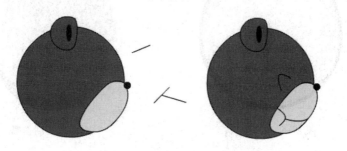

图 3-37　眼睛和嘴巴的绘制过程

（十）绘制 QQ 表情中的笑脸图形。

本例考查渐变变形工具的使用，并训练 Flash 基本绘图的操作能力。

（1）新建文档。

（2）选择工具箱中的【椭圆工具】，按住 Shift 键绘制一个正圆，同时设置边框线的【笔触高度】为 5.5；打开【颜色】面板，在【颜色类型】下拉列表中选择【径向渐变】，设置四个渐变色块的透明度及颜色分别为（50%，#FDE99B）、（80%，#FDEB66）、（100%，#F9BE3D）、（80%，#F9BE3D），如图 3-38 所示。

（3）使用工具箱中的【渐变变形工具】选择刚才绘制的圆，调整正圆的高光位置，如图 3-39 所示。

图 3-38 【颜色】面板

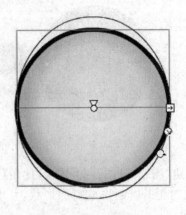

图 3-39 调整高光位置

（4）选择【椭圆工具】，笔触颜色设置为无，填充色为黑色，绘制眼睛，如图 3-40 所示。

（5）选择绘制的一只眼睛，同时按住 Ctrl 键拖动复制出另一只，调整好它们的位置；选中两只眼睛，使用【变形】面板调整使它们微微转动。

（6）在舞台空白处使用【椭圆工具】绘制两个无边框色、填充色不同、大小不同的椭圆；同时选中两个圆，选择【修改】→【分离】命令；再选中绘制的椭圆，按 Delete 键，即得到嘴的形状，如图 3-41 所示。

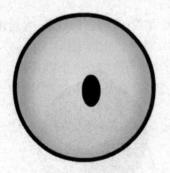

图 3-40 绘制眼睛

图 3-41 制作嘴

（7）使用【任意变形工具】调整嘴巴的位置。

注意：为了避免绘制的各个图形相互影响或组合，可以将各图形放到不同的图层中，以方便后面的移动等操作。

五、拓展练习

【练习一】 绘制卡通形象流氓兔,效果如图 3-42 所示。

（1）选择【椭圆工具】,设置笔触为黑色,禁用填充色,绘制几个椭圆,将兔子的外形大致绘制出来,如图 3-43 所示。

（2）选择【选择工具】,将鼠标指针移至兔子的耳朵、胳膊、腿等处,调整边框的弧度,完善外形,如图 3-44 所示。

图 3-42 流氓兔

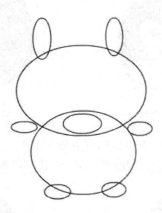
图 3-43 大致外形

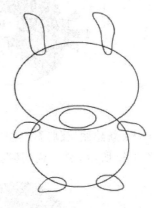
图 3-44 调整四肢弧度

（3）使用【线条工具】绘制兔子的眼睛和嘴,如图 3-45 所示;选中所有图形,选择【修改】➡【分离】命令,然后删除多余的线条,再用【选择工具】修改嘴的部分,如图 3-46 所示。

（4）绘制鼻子,填充黑色。使用【铅笔工具】勾画出兔子的阴影部分,如图 3-47 所示。

图 3-45 绘制眼睛和嘴

图 3-46 进一步修饰

图 3-47 绘制阴影

注意:选择【铅笔工具】后,要在工具箱下方选择【平滑】。如果对绘制的弧线不满意,可以用【选择工具】选中弧线后,单击【平滑】按钮逐渐使弧线增加平滑度。

（5）分离后,用浅灰色填充阴影部分,然后使用【选择工具】将明暗分界线删除,最终效果如图 3-42 所示。

注意:为阴影部分填充颜色时,可能会出现无法填充的情况,此时可以将整个舞台放

第 3 章

Flash 动画制作

大,查看是否因个别地方没有闭合而导致无法上色。

【练习二】 绘制卡通形象愤怒的小鸟,效果如图 3-48 所示。

本例训练 Flash 综合绘图能力和基本绘图技巧。

(1) 将当前图层重命名为【头】。选择【椭圆工具】,设置【笔触高度】为 3、黑色,填充色为 ♯DA251C,绘制一个圆;然后用【选择工具】调整弧线,形成小鸟的大致轮廓,如图 3-49 所示。

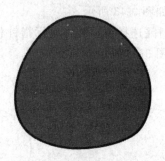

图 3-48 愤怒的小鸟   图 3-49 头部

(2) 新建图层【脸】,绘制一个无边框椭圆并填充白色;移动到上一步绘制的圆形下方,如图 3-50 所示;然后使用【选择工具】调整弧线,使其和头部刚好切合,如图 3-51 所示。

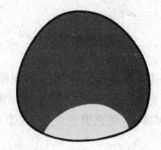

图 3-50 绘制椭圆   图 3-51 选择工具拉动变形

(3) 新建图层【嘴】,绘制一个矩形,填充♯FFCC00;然后使用【部分选取工具】单击矩形四周,删除右上方的锚点;接着使用【选择工具】将上侧的锚点拖到中间,最后将三角形每条边拉出弧度,形成嘴的形状,绘制过程如图 3-52 所示。

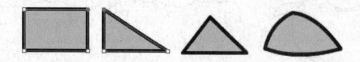

图 3-52 嘴的绘制过程

(4) 复制并粘贴嘴后,选择【修改】→【变形】→【垂直翻转】命令,并使用【任意变形工具】将其略微缩小,再使用【墨水瓶工具】将嘴的边框调整为黑色、【笔触高度】为 2,最后移动到脸部区域。

(5) 新建图层【眼睛】,选择【椭圆工具】,设置【笔触高度】为 2、黑色,分别绘制一个大圆(白色)和一个小圆(黑色),并组合为一只眼睛;然后复制一份,选择【修改】→【变形】→【水平翻转】命令,如图 3-53 所示。

（6）新建图层【眉毛】，选择【矩形工具】，绘制两个矩形；使用【选择工具】拉动变形，形成眉毛的样子，如图 3-54 所示。

图 3-53　绘制眼睛　　　　　　　　图 3-54　添加眉毛

（7）新建图层【羽毛】，使用【椭圆工具】绘制小鸟头顶的羽毛，绘制过程如图 3-55 所示；绘制完成后在【图层】面板中将该层拖至【头】图层下方。

图 3-55　羽毛的绘制过程

（8）新建图层【尾巴】，使用【钢笔工具】绘制尾巴的形状，填充黑色；然后将该层拖至最底层，最终效果如图 3-48 所示。最后将文件导出为 swf 格式。

【练习三】　绘制卡通形象小狸，效果如图 3-56 所示。

（1）选择【椭圆工具】，设置【笔触高度】为 2、黑色，填充色为 ♯CC0000，绘制一个圆；然后用【选择工具】调整弧线，形成头部的大致轮廓，如图 3-57 所示。

（2）新建图层【嘴】，再绘制两个黑色边框、填充白色的椭圆，组合在一起，并用【选择工具】调整弧线，形成嘴的外形，绘制过程如图 3-58 所示。

（3）分别新建三个图层【耳朵】、【鼻子】和【眼睛】，在【耳朵】图层绘制耳朵时，首先画出一个圆，然后使用【选择工具】拉动变形，再复制一份，绘制过程如图 3-59 所示。

图 3-56　小狸

图 3-57　调整圆的形状

Flash 动画制作

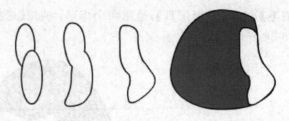

图 3-58　嘴部的绘制过程

图 3-59　耳朵、鼻子等绘制过程

注意：耳朵分为两层，须注意图层的叠放次序。

（4）分别新建图层【身】、【手臂】、【白色裤子】和【腿】，绘制过程如图 3-60 所示。

图 3-60　身体部分的绘制过程

（5）调整各图层顺序和位置，最终效果如图 3-56 所示。最后将文件导出为 swf 格式。

实验二　基本动画制作

一、实验目的

- 掌握运动动画和变形动画的创建方法。
- 初步掌握图形元件和影片剪辑元件的创建及使用方法。
- 掌握滤镜在 Flash 中的应用。
- 掌握补间的制作方法，并了解 Flash 三类补间的区别。

- 初步训练制作综合动画的能力。

二、实验环境

- 硬件要求：微处理器 Intel 奔腾 4，内存 1GB 以上。
- 运行环境：Windows 7/8。
- 应用软件：Flash CS5。

三、实验内容与要求

（一）制作倒计时动画效果，如图 3-61 所示。

图 3-61　倒计时动画的开始和结束

（二）制作动画模拟电影中镜头由远拉近的效果，如图 3-62 所示。

(a) 远镜头　　　　　　　　　　　　(b) 近镜头

图 3-62　模拟电影镜头

（三）制作文字跳动的动画效果，如图 3-63 所示。

（四）利用滤镜功能制作汽车广告的动画效果，如图 3-64 所示。

图 3-63　文字逐一跳动的效果　　　　图 3-64　滤镜动画

Flash 动画制作

（五）制作夜空中七彩星闪耀的动画，如图 3-65 所示。

图 3-65　夜空中的七彩星

（六）制作跷跷板动画，如图 3-66 所示。

图 3-66　跷跷板动画效果

（七）制作小熊吹泡泡的动画，如图 3-67 所示。

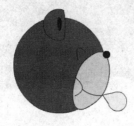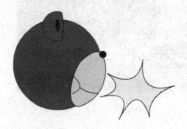

图 3-67　小熊吹泡泡

四、实验步骤与指导

（一）制作倒计时动画。

本例考查逐帧动画的创建方法。

（1）新建文档，设置尺寸为 200×200 像素，帧频为 12fps。

（2）重命名当前图层为【背景】，选择【椭圆工具】，设置【笔触高度】为 2、黑色，绘制三个圆，将大圆填充为＃999999，两个小圆填充为＃CCCCCC；然后，打开【对齐】面板，调整三个圆的位置，使它们居中，如图 3-68 所示。

（3）在【背景】图层的第 15 帧右击，选择【插入帧】命令，表示

图 3-68　背景

将【背景】图层延长到第 15 帧。

（4）新建图层【数字】，使用【文本工具】输入 9，并设置合适的字体、大小。

（5）在该层第 9 帧插入关键帧，选中第 2~8 帧，右击，选择【转换为关键帧】命令。

（6）选中第 2 帧，使用【文本工具】修改其中的数字为 8。

（7）选中第 3 帧，使用【文本工具】修改其中的数字为 7，以此类推，直到 1 为止。

（8）按 Ctrl＋Enter 快捷键测试影片播放效果。

（9）选择【文件】→【导出】→【导出影片】命令，将文件导出为 swf 格式。

（二）模拟电影镜头的效果。

本例考查位移动画和缩放动画的制作。

（1）新建文档，选择【文件】→【导入】→【导入到库】命令，选择素材图片导入库中待用。

（2）在【图层 1】中将图片拖入舞台，为了后面镜头效果比较明显，单击【对齐】面板中的【匹配高度】按钮使图片的高度与文档相同，并设置图片水平方向左对齐、垂直方向居中对齐。

（3）在第 50 帧插入关键帧，使用【对齐】面板使图片水平方向右对齐、垂直方向居中对齐。

（4）在两个关键帧之间创建传统补间。

（5）接着制作镜头由远拉近的效果：在第 100 帧插入关键帧，使用【任意变形工具】将图片放大到 2~4 倍，并放置在合适的位置上。

（6）在第 50 帧和第 100 帧之间创建传统补间，然后在第 120 帧插入帧。

（7）测试影片播放效果。

（三）制作跳动的文字。

本例考查运动动画的创建和文字透明度等属性的设置方法。

（1）新建 Flash 文档，设置大小为 500×250 像素，背景为淡黄色，帧频为 12fps。

（2）新建图层，重命名为 F；选择【文本工具】，在 F 层上输入文字；在【属性】面板中设置文字颜色为红色，大小为 260，Alpha 为 30％，并将文字调整到中央偏下的位置，如图 3-69 所示。

注意：Alpha 为透明度，选择文字后，可在【颜色】面板中设置。

（3）在第 10 帧插入关键帧，设置文字的 Alpha 为 100％，大小为 100，调整到左上方合适的位置，如图 3-70 所示。

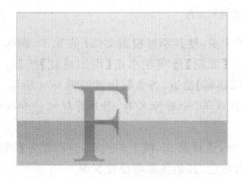

图 3-69　第 1 帧上文字的位置

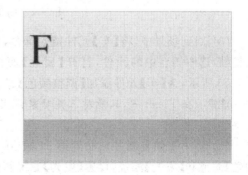

图 3-70　第 10 帧上文字的位置

79

第 3 章

（4）选中两个关键帧之间的任意 1 帧，右击，选择【创建传统补间】命令；然后在【属性】面板中勾选【同步】、【贴紧】、【缩放】复选框，如图 3-71 所示。

图 3-71 【属性】面板

（5）新建图层，取名为 L，在第 5 帧插入关键帧，输入文字，设置大小为 260，Alpha 为 30％，并拖动到窗口下方；在该层的第 15 帧插入关键帧，设置文字大小为 100，Alpha100％，并拖动到窗口左上方；在两个关键帧之间创建传统补间，在【图层】面板中勾选【同步】、【贴紧】、【缩放】复选框。

（6）在后面若干帧上选择 F 层，单击【插入帧】按钮。这样在 L 层上的第 10 帧以后也可以看到 F 层的效果。

（7）依照以上步骤输入其他文字（每个字位于一个图层）。

注意：也可以新建图层，选择 F 层第 1 帧到第 10 帧，单击【复制帧】按钮，在新层开始动画的那一帧右击，选择【粘贴帧】命令，然后在新图层的首尾两个关键帧上修改文字和位置。

（8）按 Ctrl＋Enter 快捷键测试影片并导出 swf 文件。

（四）制作汽车广告。

本例考查影片剪辑元件的使用和多种滤镜效果的应用。

（1）新建文档，设置帧频为 12fps，导入素材中的汽车图片；打开【库】面板，选中并右击图片，选择【属性】命令，查看素材图片的大小，然后将 Flash 文档的尺寸调整至和图片尺寸相同。

（2）选择【插入】→【新建元件】命令，选择影片剪辑元件，命名为【车】，如图 3-72 所示。

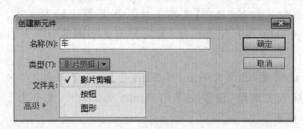

图 3-72 创建影片剪辑元件

（3）回到场景中，将【车】元件拖入舞台，位于中央，使其刚好覆盖文档；在第 15 帧插入关键帧，选中舞台中的元件，打开【属性】面板，在【滤镜】选项栏单击【添加滤镜】按钮，如图 3-73 所示，为【车】元件添加【调整颜色】滤镜和【模糊】滤镜，各参数设置如图 3-74 所示。

注意：在 Flash 中，只能对三类对象设置滤镜效果，分别为文本、影片剪辑元件和按钮元件。

（4）将第 1 帧复制并粘贴到第 35 帧、第 45 帧，选择第 35 帧上的汽车元件，添加【调整颜色】滤镜和【发光】滤镜，设置【发光】滤镜颜色为黄色，其他各参数设置如图 3-75 所示。

（5）在【时间轴】面板中创建三段传统补间，如图 3-76 所示。

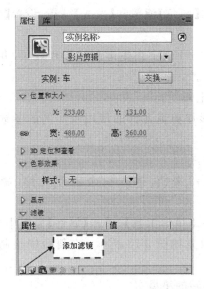

图 3-73　在【属性】面板中设置添加滤镜

图 3-74　第 15 帧元件的滤镜参数设置

图 3-75　第 35 帧元件的滤镜参数设置

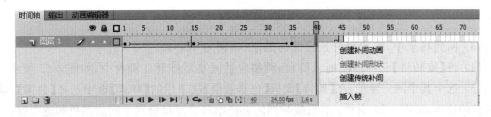

图 3-76　创建传统补间

（6）制作边框效果。

① 新建一个名为【边框】的影片剪辑元件，使用工具箱中的【矩形工具】绘制一个没有边框、填充色任意的矩形。

② 回到场景中，新建一个名为【边框】的图层，将刚才制作的图形元件拖入舞台，使用【对齐】面板中的【匹配宽度】、【匹配高度】、【水平中齐】、【垂直中齐】功能，使矩形刚好覆盖文档。

Flash 动画制作

③ 选中矩形,在【属性】面板的【滤镜】栏中添加【斜角】滤镜和【发光】滤镜,设置【发光】滤镜颜色为蓝色,其他各参数设置如图 3-77 所示。

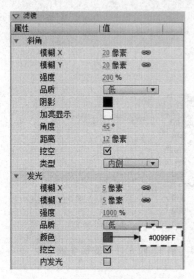

图 3-77　边框的滤镜参数设置

(7) 按 Ctrl＋Enter 快捷键测试影片效果,并导出 swf 格式的文件。

(五)制作七彩星。

本例考查影片剪辑元件的使用及实例的参数修改方法。

(1)制作星星。

① 新建空白文档,插入一个图形元件,命名为【星星】。

② 选择【多角星形工具】,单击【属性】面板中的【选项】按钮,参数设置如图 3-78 所示;在舞台中绘制一颗星,并填充红色。

(2)制作旋转的星星。

① 插入一个影片剪辑元件,命名为【旋转星】,将刚才制作的【星星】元件拖入舞台。

② 在第 15、30 帧分别插入关键帧。

③ 在第 1 帧和第 30 帧选中星星实例,在【属性】面板的【色彩效果】选项栏中设置透明度(Alpha)为 20%,如图 3-79 所示;然后创建两段传统补间,在【属性】面板中设置旋转效果分别为顺时针和逆时针,如图 3-80 所示。

图 3-78　多角星形参数设置

图 3-79　设置透明度

(3)回到场景中,将文档背景设置为黑色,帧频为 12fps。

(4)将【旋转星】元件多次拖入舞台,调整合适大小后排列在舞台中,如图 3-65 所示。

(5)选中其中的一颗星,在【属性】面板【色彩效果】选项栏的【样式】框中选择【色调】,设置红绿蓝的比重,如图 3-81 所示;然后按相同的方法给每个星星设置不同的颜色和透明度。

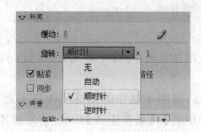

图 3-80　设置补间

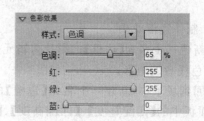

图 3-81　调整颜色

（6）测试影片，最后选择【文件】→【导出】→【导出影片】命令，将文件导出为 swf 格式。

（六）制作跷跷板动画。

本例考查影片剪辑元件的使用和运动动画的制作。

（1）新建文档，设置帧频为 12fps。

（2）重命名当前图层为【背景】，使用【矩形工具】绘制一个无框矩形，调整它的位置和尺寸使其刚好覆盖文档；为矩形填充由蓝色（♯0066CC）到白色的线性渐变，使用【渐变变形工具】调整渐变的方向，如图 3-82 所示；然后将"背景"图层上锁。

（3）新建图层【白云】，绘制三个无边框、填充白色的椭圆，通过调整，形成云彩的形状，如图 3-83 所示。

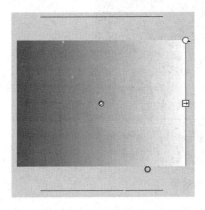
图 3-82　调整渐变的方向

图 3-83　绘制白云

（4）新建图层【树木】，绘制树干并填充棕色（♯7E601B），再绘制树叶和草地并填充绿色（♯00CC00），如图 3-84 所示。

（5）新建图层【红柱子】，使用【矩形工具】绘制边框为黑色、填充♯CC0000 的矩形；然后使用【选择工具】拉动变形，再绘制一个填充黄色的圆，如图 3-85 所示。

图 3-84　绘制草地和树

图 3-85　绘制跷跷板底座

（6）新建图层【跷跷板】，绘制跷跷板的杆子，并填充黄色；然后将该层移动至【红柱子】图层下方，如图 3-86 所示。

（7）插入影片剪辑元件，采用本章实验一拓展练习三的步骤绘制小狸。

（8）返回场景，在【跷跷板】图层中将小狸元件拖入舞台，放置在跷跷板的左侧；再拖入一个小狸，将其放置在右侧，并选择【修改】→【变形】→【水平翻转】命令，如图 3-87 所示。

图 3-86　绘制跷跷板

图 3-87　翻转后的效果

（9）选中杆子和两只小狸，选择【修改】→【组合】命令，然后在第 15 帧、第 30 帧分别添加关键帧，将第 15 帧的图像旋转，如图 3-88 所示。

图 3-88　旋转

（10）在第 1 帧到第 15 帧之间、第 15 帧到第 30 帧之间分别创建传统补间，然后测试影片并导出。

（七）制作小熊吹泡泡的动画，如图 3-67 所示。

本例考查形状变形动画的制作。

（1）新建文档，设置帧频为 12fps。

（2）新建图形元件，按照本章实验一（九）的方法绘制小熊。

（3）返回场景，将当前图层重命名为【小熊】，将图形元件拖入该层；新建【图层 2】，重命名为【三角】，绘制一个边框为黑色、填充色为♯FFFF99的三角形，然后移动到小熊的嘴边，并删除其中一条边，如图3-89所示。

（4）新建图层【泡泡】，在第1帧绘制一个小圆，然后将"泡泡"图层拖到【三角】图层下方，如图3-90所示。

图3-89　绘制三角形

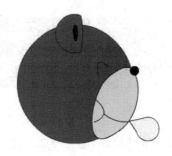

图3-90　绘制小圆

（5）在【泡泡】图层的第20帧插入关键帧，其他两层插入帧；在【泡泡】图层的第20帧上将圆放大，如图3-91所示，并创建补间形状。

（6）在【泡泡】图层的第25帧插入关键帧，即让动画停留5帧的时间，分别在【三角】图层的第25帧、【小熊】图层的第30帧插入帧。

（7）在【泡泡】图层的第26帧插入空白关键帧，【时间轴】面板如图3-92所示，在该帧绘制一个不规则的六边形，然后使用【选择工具】拉动变形为爆炸图案，如图3-93所示。

（8）测试影片查看效果。

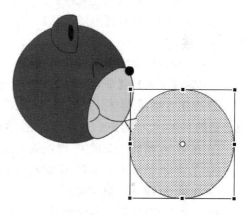

图3-91　将泡泡放大

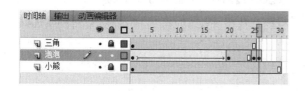

图3-92　【时间轴】面板

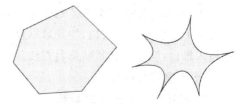

图3-93　制作爆炸图案

五、拓展练习

【练习一】　制作照片展示相册，如图3-94所示。

（1）新建文档，设置大小为650×300像素，背景色为淡黄色，帧频为12fps。

（2）选择【文件】→【导入】→【导入到库】命令，导入素材中的四幅图片入库待用。

（3）选择【插入】→【新建元件】命令，新建一个名为1的图形元件，将第一张照片拖入舞台，设置图片宽度为150（尺寸为150×100，等比例缩放），在【对齐】面板中单击【水平中齐】按钮、【垂直中齐】按钮，使图片位于舞台中央。

照 片 展

图 3-94 　相册

（4）仿照上面的操作，建立 2、3、4 图形元件，分别将其他三幅图片拖入。

（5）制作图片框架。

① 选择【插入】→【新建元件】命令，新建一个名为【框架】的图形元件。

② 使用工具箱中的【矩形工具】绘制一个无填充色的矩形，尺寸调整至和上述图片的图形元件一样大小（150×100 像素）。

（6）制作标题逐字出现的动画效果。

① 选择【插入】→【新建元件】命令，新建一个名为【标题】的影片剪辑元件。

② 在第 5 帧插入空白关键帧，使用工具箱中的【文本工具】在第 5 帧输入文字"照"，设置合适的字体，大小为 100，文字为橙色，在【对齐】面板中单击按钮使它位于舞台中央。

③ 在第 15 帧插入关键帧，继续输入文字"片"。

④ 在第 20 帧插入关键帧，继续输入文字"展"，完成制作标题打字动画的效果。

⑤ 在第 80 帧插入帧以延长。

说明：也可以将标题制作成其他动画效果。

（7）设置照片展框架。

① 回到场景中，在【图层 1】的第 1 帧拖入【框架】元件，并缩小为原来的 1/10，在【对齐】面板中单击【左对齐】按钮，使其紧贴舞台左边缘；在第 10 帧插入空白关键帧，将【框架】元件拖入舞台，同样使其紧贴舞台左边缘。

② 创建传统补间。

③ 在第 100 帧插入延长帧。

④ 新建一个图层【图层 2】，在第 10 帧插入空白关键帧，拖入【框架】元件，并将它缩小为原来的 1/10，位置放在第一个框架的左边缘内侧，如图 3-95 所示。

⑤ 在【图层 2】的第 20 帧插入关键帧，将框架放大为原始大小，位于前一个框架右边，并创建传统补间，如图 3-96 所示。

⑥ 新建【图层 3】，在第 20 帧插入空白关键帧，拖入【框架】元件，将它缩小为原来的 1/10，位置放在前一个框架的左边缘内侧；在第 30 帧插入关键帧，将框架放大为原始大小，放置在前一个框架右侧，并创建传统补间。

⑦ 新建【图层 4】，在第 30 帧插入空白关键帧，拖入【框架】元件，将它缩小为原来的 1/10，位置放在前一个框架的左边缘内侧；在第 40 帧插入关键帧，将框架放大为原始大小，放

置在前一个框架右侧,并创建传统补间,【时间轴】面板如图 3-97 所示,舞台如图 3-98 所示。

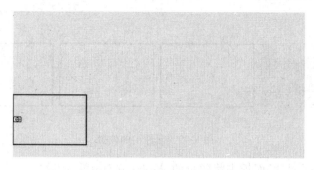

图 3-95　第二个框架位于第一个左边缘内侧

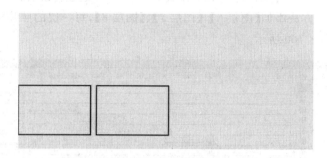

图 3-96　第 20 帧画面

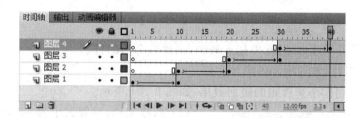

图 3-97　【时间轴】面板

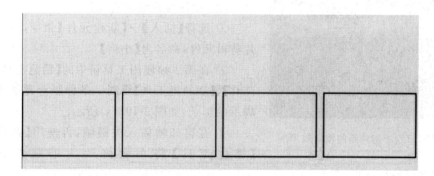

图 3-98　第 40 帧画面

（8）制作照片展示过程的动画。

① 新建【图层 5】,在第 40 帧插入空白关键帧,将图形元件 1 拖入舞台,调整位置,使它刚好覆盖最左侧第 1 个框架,如图 3-99 所示。

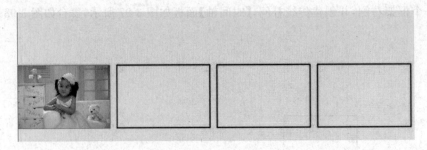

图 3-99　元件 1 的位置

② 在元件 1 的【属性】面板中将颜色的 Alpha 调至 0%。

③ 在第 50 帧插入关键帧,将 Alpha 设置为 100%,并创建传统补间。

④ 仿照上面的方法添加【图层 6】、【图层 7】、【图层 8】,每一层的照片补间动画都比前一个滞后 10 帧,如图 3-100 所示。

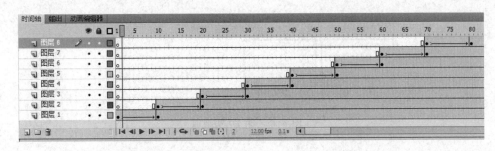

图 3-100　【时间轴】面板

(9) 新建图层,将【标题】元件拖入舞台,调整到合适的位置。

(10) 测试影片,并导出 swf 影片文件。

【练习二】　制作小狗奔跑的镜面效果,如图 3-101 所示。

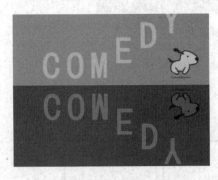

图 3-101　小狗奔跑的镜面效果

(1) 新建文档,设置大小为 450×300 像素,背景色♯FF6CA0,帧频为 12fps。

(2) 制作奔跑的小狗元件。

① 选择【插入】→【新建元件】命令,新建一个影片剪辑元件,命名为【小狗】。

② 在第 1 帧使用工具箱中的【铅笔工具】、【刷子工具】、【颜料桶工具】绘制一条伸腿奔跑的小狗及其脚下的影子,如图 3-102(a)所示。

③ 在第 2 帧插入关键帧,再使用【选择工具】、【橡皮工具】将小狗修改为缩腿的状态,如图 3-102(b)所示。

(3) 回到场景中,将【图层 1】重命名为【倒影】,将制作好的【小狗】影片剪辑拖入舞台中,并放置在舞台左外侧、中轴线偏下的位置。

(4) 选中【小狗】,选择【修改】→【变形】→【水平翻转】命令,使小狗的奔跑方向变换为水平向右;再选择【修改】→【变形】→【垂直翻转】命令,使小狗变成倒影效果。

（5）新建一个图层，命名为 dog，将【小狗】影片剪辑拖入舞台，放置在舞台外侧、中轴线上方，使它与【倒影】层的小狗对称，同时水平翻转，效果如图 3-103 所示。

(a) 第1帧

(b) 第2帧

图 3-102　绘制小狗奔跑的两种状态

图 3-103　第 1 帧的两个图层

（6）在场景中制作小狗奔跑经过的【镜面】：新建一个名为【镜面】的图层，使用工具箱中的【矩形工具】画一个与舞台同宽、高度是舞台一半的无框矩形，填充色为♯000099，设置矩形垂直方向【底端对齐】，并调整颜色的 Alpha 值为 50％。

（7）制作字母元件。

① 选择【插入】→【新建元件】命令，新建一个图形元件，名为 C。

② 使用【文本工具】输入字母 C，文本颜色为♯FFCC00。

③ 右击【库】面板中的 C 元件，选择【直接复制】命令，将新的元件重命名为 O，修改文字。

④ 同样的方法制作元件 M、E、D、Y。

（8）制作字母 C 跳动的效果。

① 选择【插入】→【新建元件】命令，新建影片剪辑元件，命名为 CMOVE。

② 在第 1 帧将图形元件 C 拖入舞台。

③ 在第 10 帧插入关键帧，将 C 向上平移，水平位置不变，记录下它的 Y 坐标。

注意：上下平移时，竖直位置不能改变（即 X 坐标不能变），否则会出现抖动。

④ 在第 20 帧插入关键帧，将 C 平移回原来的位置（此时可以将第 1 帧复制并粘贴到第 20 帧）。

⑤ 创建传统补间，在第 30 帧插入延长帧。

（9）制作出字母 O 跳动的效果。

① 新建影片剪辑元件，命名为 OMOVE。

② 在第 1 帧将图形元件 O 拖入舞台，在第 3 帧插入关键帧。

③ 在第 12 帧插入关键帧，将 O 向上平移，水平位置不变，Y 坐标与 C 相同。

④ 在第 22 帧插入关键帧，将 O 平移回原来的位置（此时可以将第 1 帧复制并粘贴到第 22 帧）。

⑤ 创建后两段的传统补间，在第 30 帧插入延长帧。

（10）制作出字母 M 跳动的效果。

① 新建影片剪辑元件，命名为 MMOVE。

② 在第 1 帧将图形元件 M 拖入舞台，在第 5 帧插入关键帧。

③ 在第 14 帧插入关键帧，将 M 向上平移，水平位置不变，Y 坐标与 C 相同。

④ 在第 24 帧插入关键帧,将 M 平移回原来的位置(此时可以将第 1 帧复制并粘贴到第 24 帧)。

⑤ 创建后两段的传统补间,在第 30 帧插入延长帧。

(11) 制作出字母 E 跳动的效果。

① 新建影片剪辑元件,命名为 EMOVE。

② 在第 1 帧将图形元件 E 拖入舞台,在第 7 帧插入关键帧。

③ 在第 16 帧插入关键帧,将 E 向上平移,水平位置不变,Y 坐标与 C 相同。

④ 在第 26 帧插入关键帧,将 E 平移回原来的位置(此时可以将第 1 帧复制并粘贴到第 26 帧)。

⑤ 创建后两段的传统补间,在第 30 帧插入延长帧。

(12) 制作出字母 D 跳动的效果。

① 新建影片剪辑元件,命名为 DMOVE。

② 在第 1 帧将图形元件 D 拖入舞台,在第 9 帧插入关键帧。

③ 在第 18 帧插入关键帧,将 D 向上平移,水平位置不变,Y 坐标与 C 相同。

④ 在第 28 帧插入关键帧,将 D 平移回原来的位置(此时可以将第 1 帧复制并粘贴到第 28 帧)。

⑤ 创建后两段的传统补间,在第 30 帧插入延长帧。

(13) 制作出字母 Y 跳动的效果。

① 新建影片剪辑元件,命名为 YMOVE。

② 在第 1 帧将图形元件 Y 拖入舞台,在第 11 帧插入关键帧。

③ 在第 20 帧插入关键帧,将 Y 向上平移,水平位置不变,Y 坐标与 C 相同。

④ 在第 30 帧插入关键帧,将 Y 平移回原来的位置(此时可以将第 1 帧复制并粘贴到第 30 帧)。

⑤ 创建后两段的传统补间。

(14) 回到场景中,新建一个图层,将元件 CMOVE、OMOVE、MMOVE、EMOVE、DMOVE、YMOVE 拖入舞台,排列整齐,如图 3-104 所示。

(15) 使用【任意变形工具】依次将各元件的中心点移至元件的下边缘,如图 3-105 所示。

图 3-104 字母排列整齐

图 3-105 字母中心点拖至下方

(16) 选中舞台中的各字母,复制并粘贴到当前位置,然后选择【修改】→【变形】→【垂直翻转】命令,再移动到合适的位置,如图 3-106 所示。

(17) 选中舞台下方的所有倒影字母,在【属性】面板的【样式】下拉列表框中选择【色调】选项,将【颜色】设置为白色,百分比为 100%。

图 3-106 制作字母的倒影效果

（18）完善小狗奔跑的动画。

① 在【倒影】层和 dog 层的第 30 帧分别插入关键帧，并将小狗水平移动到舞台的右外侧，创建补间动画。

注意：小狗和它的倒影要对称、对齐。

② 在其他图层的第 30 帧延长帧。

（19）将【镜面】层调整到字母层的上方，字母才有倒影的效果。最后测试影片查看效果。

实验三　遮罩动画与引导线动画

一、实验目的

- 了解遮罩动画的原理。
- 熟练掌握遮罩层的建立与遮罩动画的创建方法。
- 熟练掌握引导层的建立与引导线动画的创建方法。

二、实验环境

- 硬件要求：微处理器 Intel 奔腾 4，内存 1GB 以上。
- 运行环境：Windows 7/8。
- 应用软件：Flash CS5。

三、实验内容与要求

（一）利用遮罩动画原理，制作地球自转的动画效果，如图 3-107 所示。

图 3-107　地球自转动画的其中两帧

（二）利用遮罩动画原理，模拟制作电影结尾的动画效果，如图 3-108 所示。

图 3-108　电影结尾动画的其中两帧

（三）利用遮罩动画原理，制作两幅图片以百叶窗方式切换的动画效果，如图 3-109 所示。

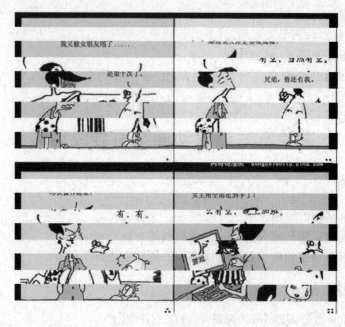

图 3-109　百叶窗切换

（四）利用遮罩动画原理，制作水波文字的动画效果，如图 3-110 所示。

图 3-110　水波字

（五）利用引导线动画原理，制作台风运动的动画效果，如图 3-111 所示。

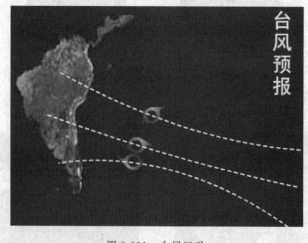

图 3-111　台风运动

（六）利用引导线动画原理，制作蜻蜓点水的动画效果，如图 3-112 所示。

图 3-112　蜻蜓点水

四、实验步骤与指导

（一）制作地球自转动画。

本例考查遮罩层的创建方法。

（1）新建文档，设置帧频为 12fps，导入素材中的地球图片待用。

（2）将库中的图片拖入舞台，使其垂直居中；新建图层，重命名为【圆】，绘制一个与地球图片同高的无边框正圆，放置在舞台中央；然后调整图片位置，使其与圆的左边界对齐，如图 3-113 所示。

（3）在【图层 1】的第 60 帧插入帧，在地球层的第 60 帧插入关键帧，将图片与圆右边界对齐，如图 3-114 所示。

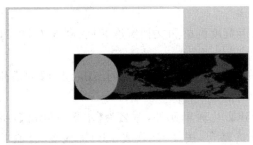
图 3-113　第 1 帧

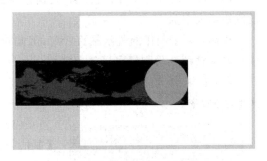
图 3-114　第 60 帧

（4）在【图层 1】的两个关键帧中间创建传统补间。

（5）在【时间轴】面板中选择【圆】图层，右击，选择【遮罩层】命令，设置【圆】图层为遮罩层、【图层 1】为被遮罩层。

（6）测试影片并导出 swf 格式的动画文件。

（二）模拟电影片尾效果。

本例考查遮罩动画的创建方法。

（1）新建文档，将背景颜色设置为黑色、帧频为 12fps，导入素材中的底图入库。

（2）打开【库】面板，右击素材图，选择【属性】命令，查看图片大小，将 Flash 文档的大小也调为相同尺寸。

（3）将当前图层重命名为【背景】，拖动素材图到舞台；在【属性】面板中将 X 和 Y 坐标都设置为 0，如图 3-115 所示。

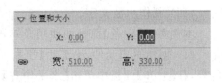
图 3-115　设置图片的位置

（4）新建图层，命名【圆】，在第 1 帧用【椭圆工具】在舞台中央绘制一个无边框的小圆；在第 36 帧插入关键帧，使用工具箱中的【任意变形工具】将圆放大，直至覆盖整个文档；然后在【背景】图层的第 36 帧插入帧。

注意：使用【任意变形工具】放大圆时，同时按住 Shift 键可等比例放大；同时按住 Alt 键可围绕中心点放大图形。

（5）为【圆】图层创建传统补间。

（6）选择并右击【圆】图层，选择【遮罩层】命令，形成遮罩动画效果。

（7）将【背景】层延长至第 80 帧，在【圆】层上的第 70 帧插入关键帧，将圆缩小，调至背景图的人脸上，并创建传统补间。

（8）在【圆】层的第 80 帧插入帧，使第 70 帧的场景停留 10 帧；最后测试影片查看效果。

（三）制作百叶窗式的切换效果。

本例考查影片剪辑元件的使用与遮罩动画的创建。

（1）新建文档，设置大小为 550×500 像素，帧频为 12，导入素材中的两幅图片。

（2）在当前层的第 1 帧拖动第 1 幅图到舞台中，由于图片大小和文档不一样，单击【对齐】面板中的【匹配宽】、【匹配高】、【水平中齐】和【垂直中齐】按钮，使图片和文档大小相同，刚好覆盖舞台。

（3）新建图层，拖动第 2 幅图到舞台，同样使图片覆盖舞台。

（4）新建影片剪辑元件，命名为【窗格条】，用【矩形工具】画一个无框矩形，填充色任意，设置矩形大小为 550×50 像素。

说明：由于制作的是水平百叶窗，因此将矩形宽度调整和文档宽度相同，高度为 50，这样复制并粘贴 9 份刚好可以覆盖文档。

（5）在第 40 帧插入关键帧，设置矩形高度为 1，并在两个关键帧之间右击，选择【创建补间形状】命令。

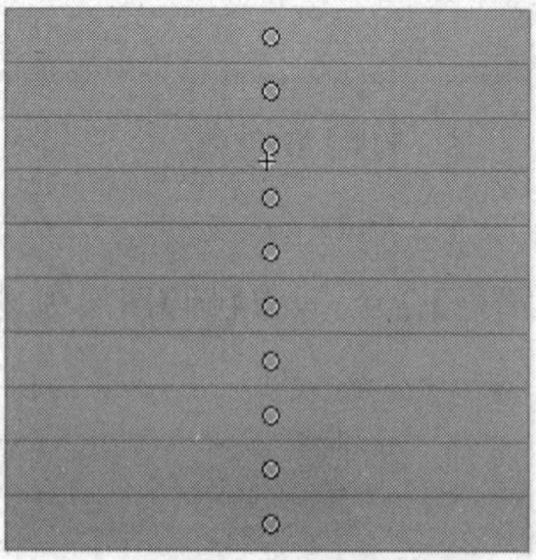

图 3-116　将窗格条排列整齐

（6）新建影片剪辑元件，命名为【水平百叶窗】，将【窗格条】拖进舞台，按住 Ctrl（或 Alt）键拖曳，复制并粘贴 9 个，并一一排列整齐，如图 3-116 所示。

注意：可以在【属性】面板调整 10 个矩形的位置，使它们紧密整齐排列，例如，设置第 1 个矩形条 x、y 坐标为（0，0），第 2 个矩形条 x、y 坐标为（0，50），第 3 个为（0，100）……，以此类推。

（7）回到场景中，新建图层，将【百叶窗】元件拖入舞台，在【对齐】面板单击按钮使该元件刚好覆盖舞台。

（8）右击该层，选择【遮罩层】命令，测试影片查看效果并导出。

（四）制作水波文字。

本例考查【颜色】面板的使用及遮罩动画的创建方法。

（1）创建图形元件，命名为【字】。输入文字，在【属性】面板中设置文字的字形、大小、颜色等，在【对齐】面板中单击【水平中齐】、【垂直中齐】按钮，在【属性】面板中查看文字尺寸约 560×90 像素。

（2）制作被遮罩层。

① 插入名为【矩形】的图形元件，绘制一个无边框的矩形，设置它的高度和宽度都略大于文字（约为 600×120 像素）。

② 为矩形填充黑白的线性渐变：打开【颜色】面板，在【类型】下拉列表中选择【线性渐变】，【流】选择【反射颜色】，如图 3-117 所示。

③ 选择工具箱中的【渐变变形工具】，按住矩形右边的箭头从右边拖到中心附近，为矩形填充黑白、白黑、黑白的反复渐变效果，如图 3-118 所示。

注意：也可以填充七彩色或填充多种颜色渐变的效果，操作方法同上。

图 3-117 【颜色】面板设置

图 3-118 使用渐变变形工具修改渐变效果

④ 选中所有矩形，选择【修改】→【组合】命令组合成一个对象，然后在【对齐】面板中单击【水平中齐】、【垂直中齐】按钮。

注意：当单击某种对齐按钮却发现没有效果时，需要检查是否已经勾选【与舞台对齐】复选框。

（3）回到场景中，将【图层 1】重命名为【矩形框】，在第 1 帧拖动矩形元件进舞台，水平垂直中齐。

（4）插入新图层【字 1】，在第 1 帧拖动字元件进入舞台，使它居中对齐；然后选中文字，按键盘上的←键将文字向左微调一点（左移 2 次）。

（5）插入新图层【字 2】，拖动【字】元件进入舞台，使它居中对齐后，在【属性】面板的【颜色】下拉列表中将 Alpha 设置为 60%。

（6）在【字 1】和【字 2】层的第 100 帧延长帧。选择【矩形框】图层第 1 帧，将矩形向右移动，使它和文字最左边对齐，如图 3-119 所示；在该层的 100 帧插入关键帧，将矩形向左移动，使它和文字最右边对齐，如图 3-120 所示，并创建传统补间动画。

图 3-119 矩形与文字最左边对齐

图 3-120 矩形与文字最右边对齐

（7）右击【字 1】层，选择【遮罩层】命令，形成水波文字效果。

（8）将文档的背景色改为蓝色，测试影片并导出。

说明：

- 如果删除【字 2】层，遮罩效果相同，可是文字只能以黑白色显示；给【矩形】元件填充其他颜色的渐变效果，这样即使没有【字 2】图层，水波字也可以呈彩色显示出来。
- 本例以文字作为遮罩层，以渐变填充的矩形对象作为被遮罩层，通过被遮罩层上矩形的变化，呈现文字的动态效果。

思考：本例以文字遮罩矩形，如果采用位图遮罩文字将会是什么效果？

（五）模拟台风运动。

本例考查引导线动画的创建方法。

（1）新建文档，将帧频设置为 12fps。导入素材中的陆地与海洋图片入库待用。

（2）将库中的背景文件拖入舞台，使用工具箱中的【吸管工具】吸取背景图片的颜色，将文档背景色设置为相同的颜色。

（3）用【选择工具】选中图片，选择【修改】→【分离】命令将位图打散为形状，然后用【橡皮工具】擦除图片的背景。

（4）新建【文字】层，使用【文本工具】在舞台右上角输入"台风预报"几个字，设置合适的字体、字号，颜色为白色。

（5）制作圆环。

① 新建一个名为【台风】的图形元件。

② 在舞台上用【椭圆工具】绘制一个无边框的圆形，填充任意色，在【对齐】面板中单击按钮使它位于舞台中央。

③ 用【椭圆工具】绘制一个无边框的小圆形，填充另一种颜色，在【对齐】面板中单击【垂直中齐】按钮，然后单击【水平中齐】按钮，使它位于舞台中央。

④ 同时选中两个圆，选择【修改】→【分离】命令将它们打散；然后选中小圆形，按 Delete 键即可得到圆环。

⑤ 给圆环填充由红色到白色的径向渐变。

（6）使用【选择工具】，按住 Alt 键用鼠标在圆环的外围分别向左上方和右下方拉出两个尖角，如图 3-121 所示，这样得到台风图形。

（7）制作运动的台风。

① 新建一个名为【风】的影片剪辑元件。

② 在第 1 帧将库中的【台风】图形拖入舞台，并在【色彩效果】选项栏中将【样式】的 Alpha 设为 70%。

图 3-121　绘制台风形状

③ 在第 15 帧插入关键帧，并创建传统补间，在【属性】面板中设置【方向】为【顺时针】。

（8）回到场景中，制作台风沿下线运动的动画。

① 新建一个图层，命名为【下线】，在第 1 帧将【风】元件拖入舞台右下角，调整合适的大小。

② 选中并右击【时间轴】面板上的【下线】图层，选择【添加运动引导层】命令，新建一个

引导层,在该层选择【线条工具】,在【属性】面板中设置参数,如图3-122所示,绘制一条向下弯的弧线。

③ 在【下线】层、【背景】层、【文字】层的第40帧插入帧。

④ 在【下线】层的第1帧将【风】元件拖在引导线的底端,注意元件的中心点要与线条的一端对齐。

⑤ 在【下线】层的第40帧插入关键帧,将【风】元件拖在引导线的顶端,注意对齐,并创建传统补间。

⑥ 继续制作台风在中线、上线运动的动画,方法同上。

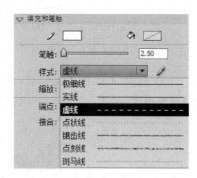

图3-122 笔触设置

(9)测试影片查看效果。发现引导层不显示出来,此时可以新建一个图层,复制引导线到新图层中,从而达到显示的目的,具体操作如下。

① 新建图层,命名为【路径】。

② 选择【引导层:下】图层,选中弧线,复制后在【路径】图层上右击,选择【粘贴到当前位置】命令,弧线和引导线刚好重合。

注意:这里不要使用【粘贴】命令,否则还要调整弧线的坐标。

③ 依次粘贴其他两条引导线。

(10)测试影片查看效果,三股台风运动的频率相同,将【中线】、【下线】图层的第1个关键帧调整延后一点(在第1个关键帧之前插入空白关键帧和空白帧),错开台风运动的频率。

(六)制作蜻蜓点水的动画效果。

本例考查引导线动画的创建与影片剪辑元件的使用。

(1)新建文档,设置帧频为12fps,将素材中的蜻蜓图片导入库中待用。

(2)制作蜻蜓飞舞的影片剪辑。

① 新建一个名为【蜻蜓飞舞】的影片剪辑。

② 打开【库】面板,将蜻蜓图片拖入舞台,并使用工具箱中的【任意变形工具】将蜻蜓旋转,使它头朝上正向放置,再选择【修改】→【分离】命令将图片打散。

③ 在第2帧插入关键帧,使用【任意变形工具】将蜻蜓等比例放大。

④ 在第3帧插入关键帧,再放大蜻蜓。

⑤ 在第4帧插入空白关键帧,将第1帧复制过来。

⑥ 在第10帧延长帧。

(3)制作【水波纹】影片剪辑。

① 新建一个名为"水波纹"的影片剪辑。

② 使用【矩形工具】绘制一个无填充色、边框为黑色的椭圆,在【属性】面板中设置颜色的透明度Alpha为50%。

③ 在第20帧插入关键帧,再绘制几个小的椭圆,如图3-123所示;设置补间形状,然后在第40帧插入延长帧。

(4)切换到场景中,在【图层1】的第1帧将【蜻蜓飞舞】影片剪辑拖入舞台最左边位置,并使用【任意变形工具】调整蜻蜓的角度,如图3-124(a)所示。

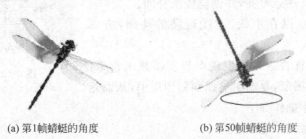

(a) 第1帧水波　　　　　　　　(b) 第20帧水波

图 3-123　水波纹

（5）在第 50 帧插入关键帧，将【蜻蜓飞舞】影片剪辑拖到舞台右边，并使用【任意变形工具】调整角度，如图 3-124(b)所示；选中第 1 帧，创建传统补间，再单击第 60 帧插入延长帧。

(a) 第1帧蜻蜓的角度　　　　　　　　(b) 第50帧蜻蜓的角度

图 3-124　两个关键帧上蜻蜓的角度

（6）在【时间轴】面板中选中并右击该层，选择【添加运动引导层】命令新增引导层；选择第 1 帧，绘制一条弧线，在第 50 帧插入帧。

（7）在蜻蜓层的第 1 帧将蜻蜓吸附至弧线的左端起始点，在第 50 帧将蜻蜓元件吸附至弧线的右端终止点。

（8）在【引导层】上方插入新图层，在第 50 帧插入空白关键帧，将【水波纹】影片剪辑拖入舞台；在第 60 帧插入延长帧。

（9）测试影片并导出 swf 影片文件。

五、拓展练习

【练习一】　利用遮罩动画原理，制作水中倒影的动画效果，如图 3-125 所示。

（1）新建文档，设置大小为 600×700 像素，帧频为 18fps，将素材图导入库中待用。

（2）插入图形元件，命名为【小狗】，将图片拖进舞台，在【属性】面板中修改图片大小为 600×350 像素。由于要制作水中倒影的效果，因此高度应是文档高度的一半。

（3）制作遮罩层。

① 插入图形元件，起名为【网格】，画一个无边框的填充任意色的矩形。在【属性】面板中将矩形的大小设置为 600×5 像素。

② 按住 Ctrl 键拖动矩形框，复制一个矩形，然后复制多份，使网格由多个矩形充满，如图 3-126 所示；最后将所有矩形组合成一个对象。

注意：矩形的间距会直接影响水波的效果，因

图 3-125　水中倒影效果

此矩形间的间距不要大，可以排列紧密一些。

（4）回到场景中，新建图层，命名为【水上图】，将【小狗】元件拖进舞台，单击【对齐】面板中的【水平居中】、【垂直方向顶部对齐】按钮调整图片位置。

（5）制作【倒影】图层。

① 将【图层 1】重命名为【倒影】，将【小狗】元件拖进舞台，放置在底端；然后选择【修改】→【变形】→【垂直翻转】命令，效果如图 3-127 所示。

图 3-126　绘制网格

② 选中倒影的图片，在【色彩效果】选项栏的【样式】下拉列表中选择【高级】选项，设置 RGB 分别为 60％、70％、100％，如图 3-128 所示，使水中的图片颜色要深一些。当然，不同的素材图 RGB 的设置不一样。

图 3-127　垂直翻转后的效果

图 3-128　设置颜色

（6）在【水上图】和【倒影】层之间新建一个图层，命名为【倒影透明】，将【倒影】层的第 1 帧复制到该层的第 1 帧，将图片向上移动 2～3 像素，并将图片的 Alpha 值设置为 45％。

（7）新建图层，命名为【遮罩层】，将【网格】元件拖进舞台，其位置如图 3-129（a）图所示；在第 45 帧插入关键帧，移动网格的位置，如图 3-129（b）图所示；然后创建传统补间。

(a) 网格在第1帧的位置

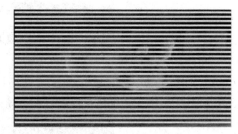

(b) 网格在第45帧的位置

图 3-129　网格在两个关键帧上的位置

Flash 动画制作

（8）设置该层为遮罩层，并在其他两个图层的第 45 帧插入帧。

【练习二】 利用遮罩动画原理，制作烟花绽放的动画效果，如图 3-130 所示。

（1）新建文档，设置背景色为深蓝色，大小为 700×700 像素，帧频为 12fps。

（2）制作曲线的遮罩效果。

① 选择【插入】→【新建元件】命令，新建一个名为【曲线】的影片剪辑元件。

② 选择【铅笔工具】，在工具栏中单击【平滑】按钮，如图 3-131 所示；在【属性】面板中设置【笔触高度】为 2，【笔触颜色】为白色，在舞台中绘制一段曲线，如图 3-132 所示。

图 3-130 烟花绽放效果

图 3-131 工具选项栏

图 3-132 绘制曲线

③ 选中绘制的线条，选择【修改】→【形状】→【将线条转换为填充】命令，图形的边框就可以作为形状填充其他颜色；然后将此层延长至 20 帧。

④ 新建图层，绘制一个无边框的矩形，并填充线性渐变色，线性渐变的三个色块的颜色和透明度分别为（＃FFFFFF，0%）、（＃FFFFFF，100%）、（＃FFFFFF，0%），如图 3-133 所示。

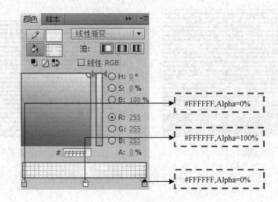

图 3-133 设置各色块相关参数值

⑤ 将画好的矩形调整至合适的大小后移动到曲线的左边，如图 3-134 所示；在第 10 帧插入关键帧，将矩形移动到曲线右边，并创建补间形状。

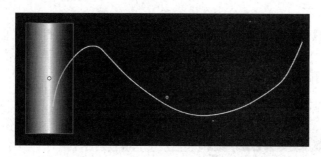

图 3-134　矩形的初始位置

⑥ 在第 15 帧、第 20 帧分别插入关键帧，选中第 20 帧的矩形，将它的宽度缩小，并在【颜色】面板中更改其线性渐变的中间色块的 Alpha 值为 0%，如图 3-135 所示，使矩形完全透明；然后创建补间形状。

⑦ 调整两个图层的位置，将曲线层设置为遮罩层。

（3）制作烟花绽放的影片剪辑。

① 创建名为【烟花】的影片剪辑元件。

② 打开【库】面板，将【曲线】元件拖入舞台，并在【对齐】面板中单击按钮使它位于中央。

③ 在舞台中选中【曲线】元件，打开【变形】面板，将旋转角度设为 15°，然后单击【复制并应用变形】按钮 23 次，使它围成一个圈，如图 3-136 所示。

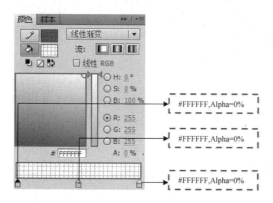

图 3-135　各色块参数值

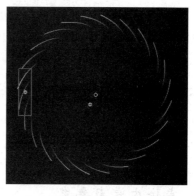

图 3-136　曲线复制 23 次后的效果

（4）回到场景中，将【图层 1】重命名为【红】，拖动【烟花】元件进入舞台中，调整其尺寸与文档尺寸大致相同（如 600×600 像素），居中放置；打开【属性】面板，在【色彩效果】选项栏的【样式】下拉列表中选择【色调】，设为红色；然后在【红】图层的第 25 帧插入帧。

注意：因为【曲线】元件一共有 25 帧动画，所以在场景的层中将动画延长到第 25 帧，这样可以使【曲线】元件里的动画完整播放一次。

（5）新建图层【黄】，在第 5 帧插入空白关键帧，拖动【烟花】元件进入舞台，调整大小（如 400×400 像素），居中放置；在【色彩效果】选项栏的【样式】下拉列表中选择【色调】，设为黄色。

Flash 动画制作

（6）新建图层【紫】，在第 10 帧插入空白关键帧，拖动"烟花"元件进入舞台，调整大小（如 300×300 像素），居中放置；在【色彩效果】选项栏的【样式】下拉列表中选择【色调】，设为紫色。

（7）新建图层【绿】，在第 15 帧插入空白关键帧，拖动"烟花"元件进入舞台，调整大小（如 200×200 像素），居中放置。在【色彩效果】选项栏的【样式】下拉列表中选择【色调】，设为绿色。【时间轴】面板如图 3-137 所示。

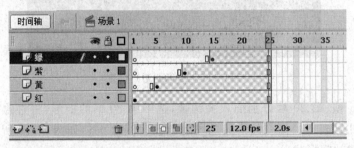

图 3-137 【时间轴】面板

（8）测试影片并导出 swf 影片文件。

实验四 按钮与声音、视频的运用

一、实验目的

- 熟练掌握按钮元件的制作方法。
- 熟练掌握动画中声音、视频的编辑方法。
- 掌握声音与动画同步的技术。

二、实验环境

- 硬件要求：微处理器 Intel 奔腾 4，内存 1GB 以上。
- 运行环境：Windows 7/8。
- 应用软件：Flash CS5。

三、实验内容与要求

（一）制作变色按钮。

（二）制作文字按钮。

（三）制作透明按钮。

（四）为按钮添加一段声音，操作按钮时背景音乐响起。

（五）制作一个动态按钮，效果如图 3-138 所示。

（六）为素材图片添加雪花飞舞的视频效果，如图 3-139 所示。

（七）制作动画与旁白同步的效果。

(a) 鼠标弹起时 (b) 鼠标经过时 (c) 鼠标按下时

图 3-138 动态按钮

图 3-139 添加下雪的视频

四、实验步骤与指导

（一）制作变色按钮。

本例考查制作按钮元件的基本操作。

（1）新建文档，选择【插入】→【新建元件】命令，在弹出的对话框中选择【类型】为【按钮】，创建按钮元件。

（2）在第 1 帧【弹起】帧中使用工具箱中的【椭圆工具】绘制一个无边框的圆，填充由黑色到白色的放射状渐变。

（3）选择【时间轴】面板上的【指针经过】帧，插入关键帧，将圆填充为由红色到黑色的渐变色。

（4）选择【时间轴】面板上的【按下】帧，插入关键帧，将圆填充为由绿色到黑色的渐变色。

（5）选择【时间轴】面板上的【点击】帧，插入帧，将绘制的椭圆作为鼠标的响应区。

说明：按钮元件共有四帧，【弹起】帧用来定义按钮没有被操作时的状态；【指针经过】帧用来定义当鼠标指针滑过按钮时按钮的状态；【按下】帧用来定义当单击按钮时按钮的状态；【点击】帧用来定义鼠标响应区。

（6）返回场景，拖动上述元件进入舞台，测试影片观看效果。

（二）创建文字按钮。

本例考查将文字制作成按钮的方法。

（1）新建文档，尺寸设置为 $500 \times 100px$，背景为蓝色，帧频 12fps，然后新建一个按钮元件。

（2）在第 1 帧【弹起】帧中使用工具箱中的【文本工具】输入文字，并设置合适的字体和大小，【颜色】设置为白色。

（3）选择【时间轴】面板上的【指针经过】帧插入关键帧，将文字改为红色。

（4）选择【时间轴】面板上的【按下】帧插入关键帧，将文字改为黄色。

（5）选择【时间轴】面板上的【点击】帧插入空白关键帧，使用工具箱中的【矩形工具】绘制一个矩形，矩形覆盖的地方就是【点击】帧上的感应区，即文字的鼠标感应区域。

注意：在【点击】帧上插入空白关键帧后，无法再看到文字，此时绘制的矩形可能会因为错位而最终导致感应区错误，单击【时间轴】面板上的【编辑多个帧】按钮，可以使文字显示出来，帮助创建正确的感应区，如图 3-140 所示。

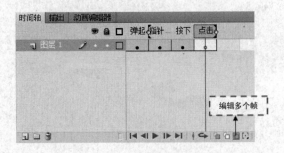

图 3-140 【时间轴】面板

（6）返回场景，拖动按钮元件进入舞台，测试影片并保存文件。

（三）制作透明按钮。

本例考查按钮元件的灵活运用。

（1）新建文档，设置尺寸为 500×100 像素，背景色蓝色，帧频为 12fps。

（2）新建按钮元件，在【点击】帧上插入一个空白关键帧，使用【矩形工具】绘制一个矩形，这样，按钮元件只有一个矩形鼠标响应区，没有具体的图形。

（3）回到场景中，用工具箱中的【文本工具】在舞台中输入几组文字。

（4）打开【库】面板，将按钮元件依次拖到几组文字上，如图 3-141 所示。这样，每组文字均具有鼠标响应区，即具备按钮的功能。

图 3-141 透明按钮

说明：也可以直接在按钮的【弹起】帧绘制一个矩形后，回到场景中，将按钮元件拖动到文字上，设置元件的 Alpha 为 1%。

（5）返回场景，拖动按钮元件进入舞台，测试影片查看效果，按钮并不会显示。

（四）制作按钮声效。

本例考查声音在按钮元件中的应用。

（1）打开刚才制作的变色按钮文件，导入素材中的背景音乐入库待用。

（2）打开【库】面板中的按钮元件，新建图层，命名为【声音】。

（3）在【声音】层上的【指针经过】帧插入空白关键帧，将库中的背景声音素材拖入舞台，【时间轴】面板上的【声音】层从第2帧开始出现了声波线，如图3-142所示。如果只想在鼠标经过和按下时发出声音，就将其他帧删除。

（4）选中【时间轴】面板上的所有声波线，打开【属性】面板，将【同步】选项设置为【事件】，且重复1次。

图3-142 【时间轴】面板

（5）返回场景，拖动按钮元件进入舞台，测试影片并导出swf影片文件。

（五）制作动态按钮。

本例考查按钮元件的综合应用。

（1）新建文档，帧频设置为12fps，其他采用默认设置。

（2）制作立体的圆。

① 新建一个名为【圆】的图形元件。

② 将当前图层命名为【大圆】，选择工具箱中的【椭圆工具】，设置边框线的【笔触高度】为5，【笔触颜色】为黑色，填充色由白色到黑色的线性渐变，绘制一个正圆。

③ 使用工具箱中的【渐变变形工具】调整圆的渐变角度，如图3-143所示。

④ 复制大圆，新建图层，命名为【小圆】，在该层的第1帧上选择【编辑】→【粘贴到当前位置】命令，在新图层上得到一个相同的大圆；打开【变形】面板，将缩放比例调为70%，如图3-144所示，然后删除小圆的边框线。

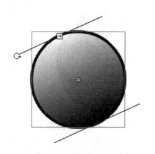

图3-143 调整渐变角度

图3-144 【变形】面板

⑤ 使用工具箱中的【渐变变形工具】调整小圆的渐变角度与大圆刚好相反，如图3-145所示，得到一个有立体感的圆。

（3）绘制动态箭头。

① 新建一个名为【箭头】的图形元件。

② 使用【矩形工具】、【选择工具】绘制一个没有边框的箭头形状，填充色任意，绘制过程如图3-146所示。

注意：得到平行四边形之后，复制一份，然后使用【水平翻转】命令即可得到箭头。

图 3-145　调整小圆的渐变角度　　　　图 3-146　箭头的绘制过程

③ 新建一个名为【动态箭头】的影片剪辑元件。将【箭头】元件拖入舞台，移动到中心位置；在第 20 帧插入关键帧，将箭头向右平行移动一段距离，并在【变形】面板中将箭头放大200％，在【属性】面板中设置 Alpha 为 0％，然后创建传统补间。

④ 在影片剪辑中新建一个图层，在第 10 帧插入空白关键帧，将【箭头】元件拖入舞台，移动到中心位置；在第 30 帧插入关键帧，将箭头向右平行移动一段距离，并在【变形】面板中将箭头放大 140％，在【属性】面板中设置 Alpha 为 0％；然后创建传统补间。

⑤ 测试影片剪辑的效果。

(4) 创建动态按钮。

① 新建一个按钮元件。

② 将【图层 1】更名为【立体圆】，拖动【圆】元件进入场景，位于中央。

③ 新建图层，命名为【变色圆】，在【鼠标经过】帧插入空白关键帧，使用【椭圆工具】绘制一个无框的、填充色为由白色到深蓝色放射状渐变的正圆，如图 3-147 所示。

④ 新建图层【箭头】，在【指针经过】帧插入空白关键帧，将【动态箭头】影片剪辑元件拖入舞台，调整合适的尺寸并放置在圆的左边；然后复制三份，在【变形】面板中设置旋转 90度，选择【修改】菜单中的【水平翻转】、【垂直翻转】等命令调整分别放到圆的上、下、右位置上，如图 3-148 所示。

图 3-147　绘制小圆　　　　　　图 3-148　复制箭头

(5) 在【立体圆】、【变色圆】图层的【按下】帧、【点击】帧延长帧，如图 3-149 所示。

注意：【按下】帧为鼠标按下时按钮的状态，这里沿用了【鼠标经过】帧，也就是说，当单击时和鼠标经过时按钮均为蓝色；【点击】帧为鼠标感应区，这里沿用了【弹起帧】，也就是说，感应区与大圆尺寸相同。

(六) 添加视频

本例考查视频在动画中的运用。

(1) 新建文件，将素材中的雪地背景图片

图 3-149　按钮元件的【时间轴】面板

导入库中待用。

（2）选中导入的素材文件，右击后选择【属性】命令，查看图片尺寸后，在【属性】面板中将 Flash 文档的尺寸调至相同。

（3）选择【文件】→【导入】→【导入视频】命令，在弹出的【导入视频】对话框中选择下雪文件的路径；单击【下一步】按钮，在弹出的界面中勾选【在 SWF 中嵌入视频并在时间轴上播放】复选框，取消勾选【将实例放置在舞台上】复选框，其他都使用默认的选项，如图 3-150 所示，确定后即完成视频文件的导入工作。

图 3-150　导入视频向导

说明：

【符号类型】下拉列表包括了【嵌入的视频】、【影片剪辑】和【图形】三个选项。

- 嵌入的视频：意为视频被导入后集成到时间轴。如果要使用在时间轴上线性回放的视频剪辑，最好的方法是选择它。
- 影片剪辑：意为视频被导入一个影片剪辑元件中，可以更灵活地控制这个视频对象。
- 图形：意为视频被导入一个图形元件中，将无法使用 ActionScript 与这个视频进行交互。因此，该选项很少使用。

如果不勾选【将实例放置在舞台上】复选框，表示视频将被放入库中。

（4）新建一个影片剪辑元件，在新元件中完成雪景的动画合成操作。

① 将【图层 1】命名为【背景图】，将素材图片拖入舞台，在属性栏中将 X、Y 的坐标值都改为 0，这样就完成了图片左对齐、上对齐。

② 新建图层【雪】，将库中的下雪视频文件拖动到舞台，这时会弹出提示"此视频需要 478 帧才能显示整个长度。所选时间轴跨度不够长，是否希望该时间轴跨度中自动插入所需帧数？"，单击【是】按钮，雪花的动画制作完毕。

③ 在【背景图】图层上的第 478 帧单击【插入帧】按钮。

（5）回到场景中，将新元件拖动到舞台，在【对齐】面板中完成元件的左对齐、上对齐操作。

（6）按 Ctrl＋Enter 快捷键测试影片并导出影片文件。

（七）同步动画和旁白。

本例考查声音在动画中的应用方法、声音属性的设置、帧标签的运用。

（1）新建文档，设置背景为蓝色，大小为 400×300 像素，帧频为 12fps。

（2）将素材中的两个声音文件（背景音乐.wav 和古诗.wav）导入库中待用。

（3）使用【文本工具】在【图层 1】上输入标题文字，设置为白色；在【滤镜】面板中为文字添加【投影】的滤镜效果，参数设置如图 3-151 所示，文字效果如图 3-152 所示。

图 3-151 【投影】滤镜参数设置　　　　　图 3-152 添加滤镜后的文字效果

（4）新建图层，命名为【背景声音】，拖动素材【背景音乐.wav】到舞台中，此时在【时间轴】面板的第 1 帧出现一条短线，说明背景音乐已应用到关键帧上。

图 3-153 声音属性设置

（5）选择【背景声音】层的第 1 帧，在【属性】面板的【同步】下拉列表中选择【数据流】选项，如图 3-153 所示。

注意：【数据流】选项可使声音和时间轴同时播放、同时结束，在定义声音和动画的同步效果时，一定要使用【数据流】选项。

（6）单击【属性】面板中的【编辑】按钮，在弹出的【编辑封套】对话框中单击【帧】按钮（以帧为单位），如图 3-154 所示。此时拖动该对话框下方的滚动条，可以看到这段声音持续了 399 帧。

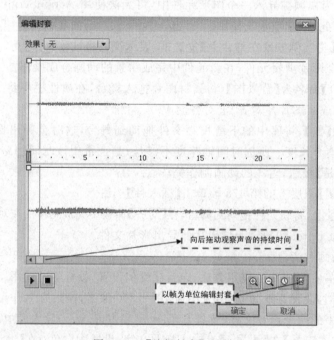

图 3-154 【编辑封套】对话框

说明：持续时间与第 1 步中设置的 Flash 文档帧频相关，如果采用 Flash CS5 默认的 24fps，则持续时间会成倍增加。

　　（7）在【背景声音】层的第 399 帧延长帧，可看到【时间轴】面板中声音波形完整地出现在该层上。然后选择【图层 1】，在第 399 帧延长帧。

　　（8）新建图层，命名为【朗读】，在第 71 帧插入空白关键帧，拖动库中的【古诗.wav】素材进入舞台；然后在【属性】面板中设置声音的【同步】为【数据流】选项。

　　（9）制作声音分段标记。

　　① 新建图层，命名为【字幕】。

　　② 按 Enter 键试听声音，当开始朗读第一句时，按 Enter 键停止声音的播放，记录下刚开始读第一句的位置，比如第 73 帧，那么就在【字幕】层的第 73 帧插入空白关键帧。

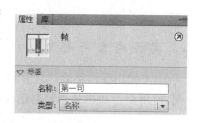

图 3-155　定义帧标签

　　③ 选中刚才添加的空白关键帧，打开【属性】面板，在【标签】选项栏的【名称】文本框中输入"第一句"，如图 3-155 所示；此时发现【时间轴】面板中【字幕】层的对应位置处出现了小红旗和帧标签的文字，如图 3-156 所示。

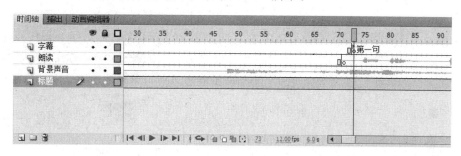

图 3-156　【时间轴】面板

　　注意：在关键帧上添加帧标签非常必要，它可以明确指示一个特定的关键帧位置，为后面的动画制作提供必要的参考。

　　④ 用同样的方法明确第二句、第三句、第四句的位置，并在【字幕】层相应的位置插入空白关键帧并设置帧标签。

　　⑤ 在【字幕】层的四个空白关键帧处分别用【文本工具】输入对应的诗句文字。

　　说明：如果制作诗句文字由模糊变清晰的动画效果，首先将文字转换为元件，然后定义两个关键帧，在起始帧上使用【模糊】滤镜，结束帧上使用正常的文字，最后创建传统补间即可。

　　（10）测试影片试听、查看效果，保存后导出 swf 格式的影片文件。

实验五　ActionScript 脚本的应用

一、实验目的

- 熟练掌握为关键帧或元件添加动作的方法。

- 熟练掌握 play、stop、Goto 等语句的用法。
- 熟练掌握交互式按钮的相关操作。
- 掌握 Flash 中的多场景技术。
- 熟练掌握 on 函数、duplicateMovieClip、startDrag、setProperty 等函数的使用方法。

二、实验环境

- 硬件要求：微处理器 Intel 奔腾 4，内存 1GB 以上。
- 运行环境：Windows 7/8。
- 应用软件：Flash CS5。

三、实验内容与要求

（一）利用变形动画原理，运用 AS 脚本制作圆从左边滚动到右边并逐渐变成正方形的动画，使用两个按钮分别控制动画的停止和继续，效果如图 3-157 所示。

（二）利用遮罩动画原理和 AS 脚本技术制作鼠标移动实现探照灯照射效果的动画，如图 3-158 所示。

图 3-157　交互式动画　　　　　　　　　　图 3-158　探照灯效果

（三）运用 AS 脚本技术自定义鼠标的形状以替换系统自带的鼠标指针样式，如图 3-159 所示。

（四）利用 AS 脚本技术制作鼠标跟随的动画特效，如图 3-160 所示。

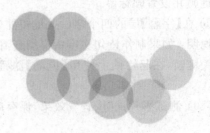

图 3-159　测试影片时鼠标指针的两种状态　　　图 3-160　鼠标跟随特效

（五）利用 AS 脚本制作三个场景，并通过按钮实现它们之间的切换，效果如图 3-161 所示。

（六）使用 loadmovie 函数制作幻灯片展示照片的动画效果，如图 3-162 所示。

图 3-161　多场景动画

图 3-162　幻灯片展示照片

（七）利用复制影片剪辑函数制作变幻的曲线，效果如图 3-163 所示。

（八）利用 AS 脚本技术制作夜空中点星星的动画效果，要求鼠标在夜空中每单击一次，就出现一颗星星。

四、实验步骤与指导

（一）制作交互式动画。

本例考查 stop、play 语句的使用。

（1）新建图层，重命名为【控制】，选择【窗口】→【公用库】→【按钮】命令，从中拖动两个按钮进入舞台，如图 3-164 所示。

图 3-163　变幻曲线

（2）选中 stop 按钮，打开【动作】面板，在动作工具箱中展开【全局函数】→【影片剪辑控制】节点，双击列表中的 on 选项，在脚本窗格中添加一个 on 函数，并同时显示事件参数列表框，如图 3-165 所示。

图 3-164　添加按钮

（3）单击列表中的 release 选项，接着把光标定位在第一个大括号后，在左边的动作工具箱中展开【时间轴控制】节点，选择 stop 选项，在该按钮上添加代码，如图 3-166 所示。

说明：初学者可以单击【动作】面板中的【脚本助手】按钮来快速地添加 AS 语句，如图 3-165 所示。本例中，单击该按钮打开【脚本助手】，直接添加 stop 语句，系统会直接为按钮添加 on 函数。

（4）依照上面的方法，为另一个按钮添加脚本代码如下。

```
on (release) {
    play( )
}
```

（5）测试影片并导出 swf 格式的文件。

说明：

Flash 中，AS 语句有两类，一类直接作用在关键帧上；另一类作用在按钮等元件上。第

112

图 3-165 【动作】面板

一类 AS 语句直接写代码,如 stop、play 等;第二类 AS 语句必须写在函数体内(如 On 函数),通过 release 等事件来触发。

on 函数是最传统的事件处理方法,它一般直接用于按钮实例。其一般形式如下。

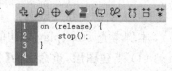

```
On(鼠标事件){
    //程序,程序组成的函数体响应鼠标事件
}
```

图 3-166 添加代码

对按钮而言,可指定触发动作的按钮事件有以下几种。

- press:事件发生于鼠标指针在按钮上方,并按下鼠标左键时。
- release:事件发生于在按钮上方按下后接着松开鼠标左键时,也就是单击时。
- releaseOutside:事件发生于在按钮上方按下鼠标左键,接着把鼠标指针移到按钮之外,然后松开鼠标左键时。
- rollOver:事件发生在鼠标滑入按钮时。
- rollOut:事件发生在鼠标滑出按钮时。
- dragOver:事件发生在按住鼠标左键不放,鼠标滑入按钮时。
- dragOut:事件发生在按住鼠标左键不放,鼠标滑出按钮时。
- keyPress:事件发生在用户按下键盘上指定的某个键时。比如按下字母键 k 时从第 20 帧开始播放,代码如下。

```
on (keyPress "k") {
    GotoandPlay(20);
}              //按下 k 键,跳转到第 20 帧开始播放
```

(二) 制作探照灯效果。

本例考查为关键帧添加 AS 语句的方法及 startDrag 函数的运用。

(1) 导入素材中的背景图片,拖入舞台,调整大小和位置使它刚好覆盖文档。

（2）新建影片剪辑，绘制一个圆；回到场景中，新建【图层 2】，拖动圆进入，在【属性】面板中将【实例名称】改为 aa，如图 3-167 所示。

图 3-167　为实例命名

（3）设置【图层 2】为遮罩层。

（4）新建【图层 3】，选中第 1 帧，在【动作】面板中为其添加动作 startDrag("aa",true)。

说明：startDrag 函数的作用是使实例在影片播放的过程中可以被拖动。它的第 2 个参数是可选项，当设置为 true 时，表明将拖动的实例锁定到鼠标指针位置的中央。

（5）测试影片并导出。

（三）自定义鼠标指针样式。

本例考查 onClipEvent 函数的用法。

（1）绘制箭头。

① 新建影片剪辑元件，命名为【箭头】。

② 绘制一个无边框、填充黄色的正方形，使用【部分选取工具】选中正方形边框线，按 Delete 键删除其右下角的锚点，变成直角三角形；然后使用【选择工具】进行拖动，制作过程如图 3-168 所示。

③ 使用【线条工具】绘制一条直线，设置其【笔触】为 30，箭头效果如图 3-169 所示。

图 3-168　绘制过程

图 3-169　箭头

④ 在第 2 帧插入关键帧，将箭头填充为红色。

⑤ 选中第 1 帧，添加代码 Stop( )；。

说明：如果这里不设置停止语句，在场景中播放该影片剪辑时就从第 1 帧开始往后播放，就会出现黄箭头、红箭头不停闪烁的情况。

（2）回到场景中，拖动【箭头】影片剪辑进入舞台，并定义其实例名称为 mc。

（3）选定 mc，单击【脚本助手】按钮，选择【影片剪辑控制】→【startDrag】命令，添加代码如下。

```
onClipEvent (load) {              // onClipEvent 是指发生在影片剪辑上的事件函数
    startDrag("_root.mc", true);
}
```

（4）继续添加代码如下。

```
onClipEvent (mouseDown) {
    _root.mc.gotoAndStop(2);
}
onClipEvent (mouseUp) {
```

113

第 3 章

```
        _root.mc.gotoAndStop(1);
    }
```

说明：以上代码表示当鼠标在影片剪辑上按下时，转到 mc 的第 2 帧并停止播放（显示红箭头）；当鼠标弹起时，转到 mc 的第 1 帧并停止播放（显示黄箭头）。

（5）测试影片，发现运行时系统自带的鼠标还在，添加代码 Mouse.hide( )；将系统鼠标隐藏。mc 的完整代码如图 3-170 所示。

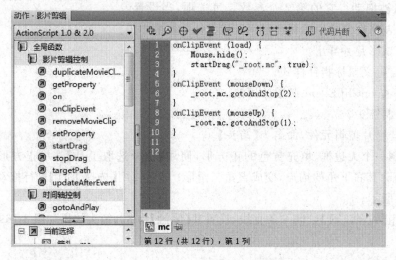

图 3-170　mc 的完整代码

（6）测试影片查看效果。

（四）制作鼠标跟随特效。

本例考查 AS 基本语句的使用。

（1）新建文档，插入图形元件【圆】，使用【椭圆工具】绘制一个正圆，填充任意色，使它位于舞台中央。

（2）插入一个按钮元件【按钮】，在【点击】帧插入空白关键帧，再绘制一个和刚才圆大小相同的圆，使它位于舞台中央。这个区域即为鼠标响应区。

（3）插入一个影片剪辑元件，在第 1 帧拖动【按钮】元件进入舞台，在第 2 帧插入空白关键帧，拖动【圆】元件进入舞台，在第 20 帧插入关键帧，并设置第 2、第 20 帧的对象 Alpha 分别为 70%、0%，创建传统补间。

说明：也可以在第 20 帧将圆的尺寸缩小。

（4）设置动作。

① 选中第 1 帧，添加 AS 代码如下。

```
Stop( );
```

② 选中第 1 帧的按钮元件，添加 AS 代码如下。

```
on (rollOver) {                    //当鼠标滑入按钮时发生的事件
    gotoAndPlay(2);
}
```

③ 选中第 20 帧，添加 AS 代码如下。

```
gotoAndStop(1);
```

（5）返回场景，拖动影片剪辑元件进入舞台，并复制多份，效果如图 3-171 所示。

（6）查看影片测试效果，保存后选择【文件】→
【导出】→【导出影片】命令导出。

说明：将【圆】元件里的实例改为一个星形，填充白色（将文档背景色改为黑色），并选择【修改】→【形状】→【柔化填充边缘】命令即可制作有发亮效果的星星，再测试影片。

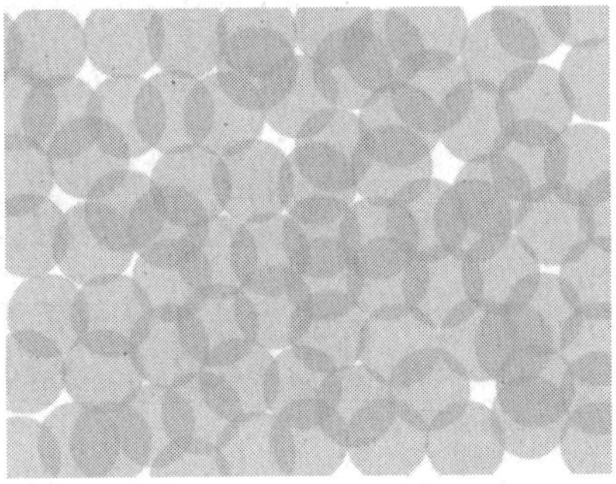

（五）制作多场景切换效果。

本例考查多场景控制技术及透明按钮的应用。

（1）制作各个场景的动画。

① 新建文档，将本章实验三中制作的"烟花绽放.fla"打开，选择该文件下的所有帧，复制并粘贴到新文档中。

图 3-171　多次拖动影片剪辑

② 选择【窗口】→【其他面板】→【场景】命令打开【场景】面板，单击【添加场景】按钮增加一个场景，如图 3-172 所示。

③ 单击【场景 2】，将本章实验三制作的"百叶窗.fla"的所有帧复制并粘贴到【场景 2】中。

④ 采用相同的方法再将"跷跷板.fla"的所有帧粘贴到【场景 3】中，为了方便区分，在【场景】面板中为各场景重命名，如图 3-173 所示。

图 3-172　添加场景

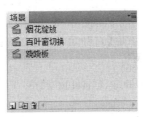

图 3-173　重命名各场景

（2）创建主控场景。

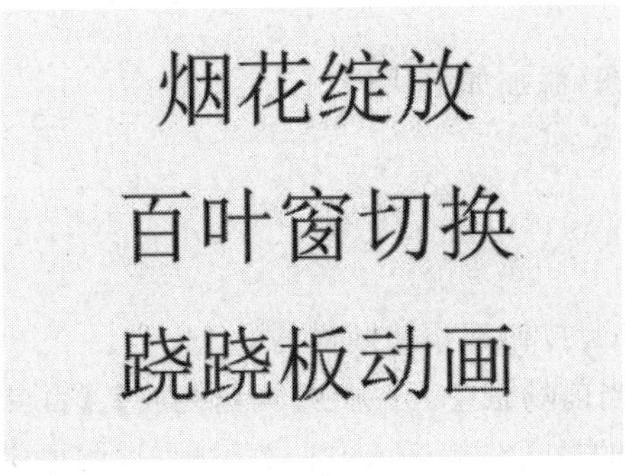

烟花绽放
百叶窗切换
跷跷板动画

图 3-174　控制场景中的三组文字

① 再添加一个场景，命名为【控制】，并将该场景移至最上方，使用【文本工具】输入三组文字，如图 3-174 所示。

② 新建按钮元件，在【点击】帧插入一个空白关键帧，然后绘制一个矩形。

③ 回到【控制】场景中，将刚才制作的按钮元件分别拖到三组文字上，并使用【任意变形工具】调整大小，使它们分别覆盖三组文字，如图 3-175 所示。

（3）在三个场景中分别创建【返回】按钮。

① 切换到【烟花绽放】场景，在所有图层上方

新建一个图层，命名为【返回】，使用【文本工具】在舞台右下角输入 Back。

② 从【库】面板中将刚才制作的按钮元件拖入舞台，调整大小后使其刚好覆盖 Back，如图 3-176 所示。

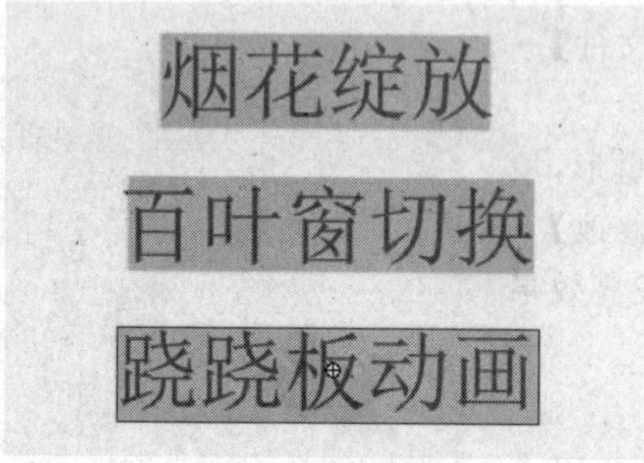

图 3-175　按钮覆盖文字

图 3-176　返回按钮

③ 使用上述方法为其他两个场景也加上 Back 按钮。

（4）编写 AS 代码。

① 切换到【控制】场景，选中【图层 1】的第 1 帧，在【动作】面板中添加代码如下。

```
Stop( );
```

② 选择该层【烟花绽放】上的按钮，使用【脚本助手】添加如下代码如下。

```
on (release) {
    gotoAndPlay("烟花绽放",1);
}
```

③ 选择该层【百叶窗切换】上的按钮，添加如下代码。

```
on (release) {
    gotoAndPlay ("百叶窗",1);
}
```

④ 选择该层【跷跷板动画】上的按钮，添加如下代码。

```
on (release) {
    gotoAndPlay ("跷跷板",1);
}
```

⑤ 切换到【烟花绽放】场景，选中 Back 上的按钮，添加如下代码。

```
on (release) {
    gotoAndStop("控制",1);
}
```

⑥ 分别给"百叶窗"场景和"跷跷板"场景的 Back 按钮都添加同样的 AS 代码。

⑦ 为了使每个场景在动画播放完毕后停止在当前场景中，分别在【烟花绽放】、【百叶窗切换】、【跷跷板】三个场景中新建一个图层，在该层的最后一帧插入空白关键帧，再添加代码 Stop( );。

（5）测试影片并导出 swf 文件。

（六）制作幻灯片轮番播放的效果。

本例考查 loadmovie 函数的使用方法。

（1）新建一个影片剪辑，不做任何操作。

（2）回到场景中，拖入影片剪辑，将其实例名称定义为 mc，并设置 X、Y 坐标均为 0。

（3）选中第 1 帧，在【动作】面板中选择【浏览器/网络】→【loadMovie】命令，添加代码如下。

```
loadMovie("1.jpg", mc);
```

注意：这里使用的是相对路径，因此一定要将该 Flash 文档与要加载的图片置于相同文件夹中，否则无法正确显示。

（4）按 Ctrl＋Enter 快捷键测试影片，发现照片是突然出现的效果，下面制作淡入淡出的动画效果。

① 在第 20 帧插入关键帧，选定第 1 帧中表示影片剪辑 mc 的小圆点，在【属性】面板中调整它的 Alpha 为 0％，并创建传统补间。

② 在第 30 帧插入关键帧，不创建补间，表示从第 20 帧到第 30 帧停留片刻。

③ 在第 50 帧插入关键帧，选定第 50 帧中表示影片剪辑 mc 的小圆点，在【属性】面板中调整它的 Alpha 为 0％，并创建传统补间。【时间轴】面板如图 3-177 所示。

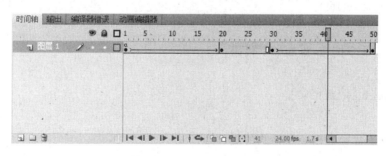

图 3-177 【时间轴】面板

（5）制作第二张图片被加载并呈现淡入淡出的效果。

① 在第 51 帧插入关键帧，并添加如下代码。

```
loadMovie("2.jpg", mc);
```

② 选定第 51 帧，设置该帧上 mc 的 Alpha 为 0％。

③ 在第 70 帧插入关键帧，设置该帧上 mc 的 Alpha 为 100％，并创建传统补间。

④ 在第 80 帧插入关键帧，不创建补间。

⑤ 在第 100 帧插入关键帧，并创建传统补间，设置该帧上 mc 的 Alpha 为 0％。

（6）按上述方法继续加载其他两幅图片。也可以复制这些帧，并将它们粘贴到后面，这样只需修改代码即可。测试影片，四幅图片淡入淡出的效果依次呈现。

（7）编写代码控制图片的显示。

① 回到场景中，锁定以上编辑的图层，新建图层，命名为【控制】，由于需要制作四幅图片轮番播放的效果，因此从公用库中拖入四个按钮分别控制它们。

② 双击各按钮，找到文字所在的图层 text，修改其中的文字为"第一张"、"第二张"、"第三张"、"第四张"，利用【对齐】面板使它们排列整齐并放置在舞台右下角，如图 3-178 所示。

图 3-178　制作导航按钮

（8）编写 AS 语句。

① 选定第 1 个按钮，添加如下代码。

```
on (release) {
    gotoAndPlay(1);
}
```

② 选定第 2 个按钮，添加如下代码。

```
on (release) {
    gotoAndPlay(51);
}
```

③ 选定第 3 个按钮，添加如下代码。

```
on (release) {
    gotoAndPlay(101);
}
```

④ 选定第 4 个按钮，添加如下代码。

```
on (release) {
    gotoAndPlay(151);
}
```

（9）测试影片并导出 swf 格式的文件。

（七）制作变幻的曲线。

本例考查 duplicateMovieClip 函数与循环语句的用法。

（1）新建文档，设置背景色为黑色，帧频为 30fps。

（2）新建影片剪辑元件，命名为【曲线】，在第 1 帧选择【铅笔工具】，【铅笔模式】设为平滑，设置【笔触高度】为 2，【笔触颜色】为七彩色，绘制一条曲线，如图 3-179(a)所示。

（3）在第 10、20、30 帧分别插入空白关键帧，继续绘制曲线，如图 3-179(b)、图 3-179(c)、图 3-179(d)所示；然后创建三段补间形状。

（4）回到场景中，拖入【曲线】元件，调整到舞台中心位置，并定义实例名为 mc。

（5）新建图层，为第 1 帧添加动作如下。

```
i = 1;
while(i < 100){
    duplicateMovieClip(mc, i, i);        // 复制 mc, 新影片剪辑的名称和深度均为 1、2…
    setProperty(i, _rotation, i * 5);    // 设置新影片剪辑的旋转角度
    i++;
}
```

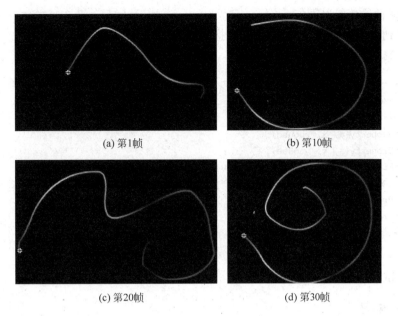

(a) 第1帧   (b) 第10帧

(c) 第20帧   (d) 第30帧

图 3-179 四个关键帧

（6）测试影片查看效果，保存后导出 swf 格式的影片文件。

（八）制作点星星效果。

本例考查 AS 脚本中类的用法。

（1）新建文档，设置背景为黑色。

（2）制作闪烁的星星：

① 插入一个图形元件，命名为【星】，选择【多角星形工具】，单击【属性】面板中的【选项】按钮，设置顶点大小为 0.3，在舞台中绘制一个四角星形。

② 选定星形，选择【修改】→【形状】→【柔化填充边缘】命令，参数设置如图 3-180 所示，制作星星边缘朦胧的效果。

③ 复制这颗星，将其等比例缩小 50%，再旋转合适的角度，将两颗星组合后，填充白色，如图 3-181 所示。

图 3-180 参数设置

图 3-181 星星

④ 插入影片剪辑，命名为【闪星】，在第 1 帧拖动【星】元件进入舞台，设置 Alpha 为 80%；在第 15、30 帧分别插入关键帧，选择第 15 帧上的元件实例，将元件缩小为原来的

20%,并创建两段传统补间。

（3）回到场景中,将【闪星】影片剪辑拖入舞台,定义实例名为 mc。

（4）为第 1 帧添加动作代码如下。

```
i = 1;
_root.onMouseDown = function() {   // _root.可以省略
    duplicateMovieClip("mc",i,i);
    setProperty(i,_x,_xmouse);
    setProperty(i,_y,_ymouse);
    setProperty(i,_rotation,random(180));
    n = Math.random() * 100 + 50;   //产生 50～100 之间的随机数,或写成 n = random(100) + 50
    setProperty(i, _xscale, n);
    setProperty(i, _yscale, n);
    i++;
};
```

（5）测试影片并导出文件。

五、拓展练习

【练习一】 制作炫丽的鼠标跟随动画效果,如图 3-182 所示。

（1）新建文档,新建图形元件,命名为【心形 1】。采用本章实验一案例(二)介绍的方法绘制一个心形,并填充红色。

（2）制作心形围绕圆运动的引导线动画效果。

① 新建影片剪辑元件【心形 2】,在【图层 1】的第 1 帧拖动【心形 1】进入舞台;添加一个运动引导层,绘制一个空心的圆,然后使用【橡皮工具】在圆上擦去一个豁口,如图 3-183 所示。

图 3-182　鼠标跟随效果

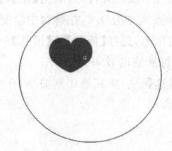

图 3-183　引导线

② 在【图层 1】的第 1 帧将实例拖到引导线的起点;在第 15 帧插入关键帧,在引导层的第 15 帧插入帧,并将实例拖到引导线的终点。

③ 创建传统补间。

④ 设置第 1 帧和第 15 帧的实例 Alpha 值分别为 60% 和 20%。

⑤ 在【图层 1】的第 1 帧和第 15 帧旋转实例的角度,如图 3-184 所示。

（3）新建影片剪辑元件【心形 3】,在【图层 1】的第 1 帧拖动【心形 2】进入舞台,并在第 15 帧插入帧。

注意:因为【心形 2】元件的动画有 15 帧,在【心形 3】里引用了【心形 2】,因此这里至少

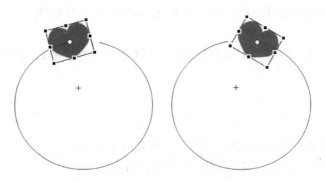

图 3-184　修改元件的角度

需要 15 帧才能完整地播放动画。

　　（4）再新建四个图层，分别复制图层 1 的第 1 帧到四个图层的第 2、3、4、5 帧，【时间轴】面板如图 3-185 所示。

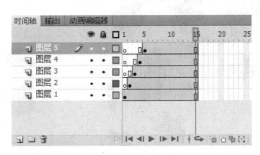

图 3-185　【时间轴】面板

　　（5）选中【图层 2】第 2 帧上的心形实例，在【变形】面板中设置【缩放比例】为 80％；选中【图层 3】第 3 帧上的心形实例，在【变形】面板中设置【缩放比例】为 60％；选中【图层 4】第 4 帧上的心形实例，在【变形】面板中设置【缩放比例】为 40％；选中【图层 5】第 5 帧上的心形实例，在【变形】面板中设置【缩放比例】为 20％；然后调整它们的位置，并在所有层的 15 帧延长帧，效果如图 3-186 所示。

　　（6）新建影片剪辑元件【心形 4】，在【图层 1】的第 1 帧拖动【心形 3】进入舞台，先用【任意变形工具】将中心点调至舞台中央，然后通过在【变形】面板中设置复制五份，使之围成一个圈，如图 3-187 所示。

图 3-186　移动位置

图 3-187　复制五份

（7）回到场景中，拖动【心形 4】影片剪辑进入舞台，调整合适的尺寸，并在【属性】面板中定义其实例名称为 mc。

（8）选定第 1 帧，单击【脚本助手】按钮，选择【影片剪辑控制】→【startDrag】命令，添加代码如下。

```
Mouse.hide();
startDrag("mc", true);
```

（9）测试影片查看效果，保存后导出 swf 格式的影片文件。

【练习二】 制作漫天花飘的动画效果，如图 3-188 所示。

本例考查 setProperty 函数、color 对象及条件语句的用法。

（1）新建文档，设置帧频为 18fps；新建影片剪辑，命名为【花】，使用【多角星形工具】、【选择工具】制作一朵花的形状，并填充任意色，如图 3-189 所示。

图 3-188　漫天花飘　　　　　　　　图 3-189　花朵

（2）制作【飘花】影片剪辑。

① 新建影片剪辑元件，命名为【飘花】，将【花】元件拖入舞台中。

② 选中并右击【图层 1】，选择命令添加运动引导层，用【铅笔工具】绘制一段平滑曲线，使【花】元件和引导线的一端对齐，如图 3-190 所示。

③ 在引导层的第 100 帧延长帧，在【花】层的第 100 帧插入关键帧，使元件与引导线的另一端对齐；选中第 100 帧的花元件，设置 Alpha 为 10%。

④ 创建传统补间。

（3）添加 AS 代码。

① 回到场景中，将【飘花】元件拖入舞台，并定义实例名为 mc。

② 为第 1 帧添加动作代码如下。

```
i = 0;
mc._visible = false;
```

③ 在第 2 帧插入关键帧，并添加动作代码如下。

```
i++;
duplicateMovieClip(mc, i, i);
setProperty(i,_x,random(100) * 5);
```

图 3-190　引导线

```
setProperty(i, _rotation, i * 10);
sc = new Color(i);                  // 创建一个新的 Color 对象 sc
sc.setRGB(random(0xffffff));        // 0x 表示后面的是十六进制数据
```

④ 在第 3 帧插入关键帧，并添加动作代码如下。

```
if(i < 100){
    gotoAndPlay(2);
} else {
    gotoAndPlay(1);
}
```

（4）测试影片查看效果。

说明：color 对象有四种方法，分别如下所述。

- getRGB：返回最后一次调用 setRGB 方法时设置的 RGB 值。
- getTransform：返回最后一次调用 setTransform 方法时设置的色彩变换信息。
- setRGB：使用十六进制数据设置 RGB 色彩。
- setTransform：设置色彩变换信息。

【练习三】 制作下雨的动画效果，如图 3-191 所示。

图 3-191 模拟的下雨效果

（1）将素材图片导入库中，并拖入舞台，调整尺寸和位置使其刚好覆盖文档；然后将当前图层重命名为 BG，并延长至第 2 帧。

（2）制作雨滴。

① 插入影片剪辑元件，命名为【雨滴】。

② 将文档背景调整为黑色、帧频为 10fps，在第 1 帧绘制一段白色斜线，设置它的【笔触高度】为 1。

③ 在第 15 帧插入关键帧，将斜线拖至舞台下方，造成雨滴落下的效果，并创建补间形状。

④ 新建图层，在第 16 帧插入空白关键帧，绘制一个边框白色、无填充色的椭圆，模拟雨滴落在水面形成水圈的效果，如图 3-192 所示。

注意：插入空白关键帧后，前面的雨滴不可见，此时可以单击【时间轴】面板上的【编辑

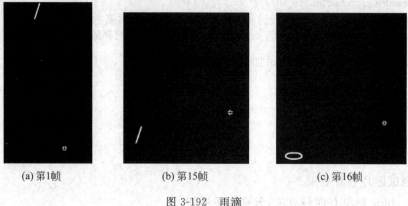

(a) 第1帧   (b) 第15帧   (c) 第16帧

图 3-192   雨滴

多个帧】按钮以便准确定位。

⑤ 在第 20 帧插入关键帧,使用【任意变形工具】将椭圆围绕中心放大两倍,并设置 Alpha 为 0%,创建补间形状。

⑥ 测试查看效果,不满意再返回修改。

(3) 回到场景中,新建图层,将【雨滴】元件拖入舞台,定义实例名为 mc。

(4) 设置 AS 代码。

① 新建图层,重命名为 AS,为第 1 帧添加动作代码如下。

```
i = 1;
mc._visible = false;
```

② 在第 2 帧添加空白关键帧,并添加动作代码如下。

```
function ee(){                                      // 自定义一个函数 ee
    duplicateMovieClip("mc",i,i);                   // 新影片剪辑的名称和深度都为 1,2,3,……
    setProperty(i, _x, random(550));                // 设置新影片剪辑的 x 坐标为[0,550]的随机数
    setProperty(i, _y, random(400));                // 新影片剪辑的 y 坐标为[0,400]的随机整数
    setProperty(i,_alpha,random(50) + 20);          // 设置新影片剪辑的透明度
    updateAfterEvent();                             // 每复制一次影片剪辑都需要更新一次舞台
    i++;                                            // 每执行一次,i 累加 1
    if(i > 100){
        clearInterval(kk);                          // 当 c > 100,setInterval 语句失效
    }
}
    kk = setInterval(ee,20);                        // 每 20 毫秒执行自定义函数 ee 一次
```

(5) 测试影片查看效果。

【练习四】   设计填空题的答题界面,并能够执行判分功能,如图 3-193 所示。

(1) 制作文字层。

① 新建图层【文字】,使用【文本工具】输入两道填空题的题干。

② 选择【文本工具】,在【属性】面板中设置【文本类型】为【输入文本】,如图 3-194 所示;绘制两个方框,将它们分别放置在两题需要填空的位置上,如图 3-195 所示,并将它们的变量名分别定义为 t1、t2。

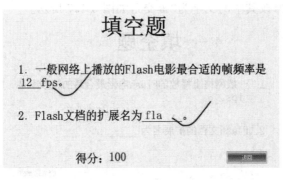

图 3-193　答题界面

图 3-194　【属性】面板

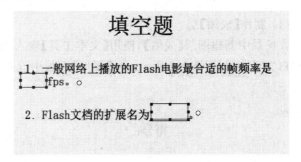

图 3-195　两个输入文本

（2）制作判断对错的影片剪辑。

① 新建影片剪辑元件，命名为【判断对错】。

② 在第 1 帧上添加代码 Stop( )；。

③ 在第 2 帧插入空白关键帧，使用【线条工具】绘制一个红色的对勾形状。

④ 在第 3 帧插入空白关键帧，使用【线条工具】绘制一个红色的错叉形状，如图 3-196
所示。

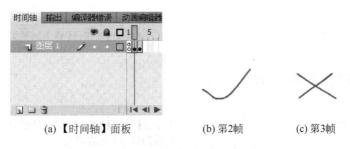

(a)【时间轴】面板　　　　(b) 第2帧　　　　(c) 第3帧

图 3-196　【判断对错】影片剪辑

⑤ 回到场景中，两次拖动【判断对错】元件进入舞台，并放置到每题题干后的空白处。
分别定义它们的实例名称为 mc1、mc2。

（3）制作按钮层。

① 在场景中新建图层【按钮】，在公用库中选择一个按钮拖入舞台，并放置在题目右
下方。

② 双击该按钮,修改其中的文字为"提交",如图 3-197 所示。

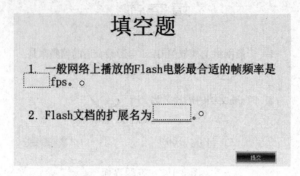

图 3-197 【提交】按钮

(4) 制作【成绩】层。

在场景中新建图层【成绩】,使用【文本工具】输入文字"得分:",再用【文本工具】拖出一个空白文字区,如图 3-198 所示;在【属性】面板中设置空白文字区为动态文本,定义其变量名为 cj。

图 3-198 成绩显示区

(5) 编写代码。

① 新建【代码】图层,为第 1 帧添加 AS 代码 Stop();。

② 在【文字】图层和【成绩】图层的第 2 帧插入帧。

③ 在【按钮】层的第 2 帧插入空白关键帧,拖动公用库中的另一按钮进入舞台,修改其中的文字为"返回",然后调整它的位置与第 1 帧的【提交】按钮重合。

④ 为【提交】按钮添加动作代码如下。

```
on (release) {
    gotoAndStop(2);                    // 单击【提交】按钮,转到主场景第 2 帧停止
}
```

⑤ 为【返回】按钮添加动作代码如下。

```
on (release) {
    gotoAndStop(1);                    // 单击【返回】按钮,转到主场景第 1 帧停止
    t1 = "";                           // 返回后,t1 内容清空
    t2 = "";
    cj = "";
    mc1.gotoAndStop(1);                // 返回后,mc1 也清空
    mc2.gotoAndStop(1);
}
```

⑥ 在【代码】图层的第 2 帧插入空白关键帧,添加动作代码如下。

```
if (t1 == "12") {
```

```
    cj1 = 50;
    mc1.gotoAndStop(2);                    // 如果满足条件,cj1 为 1 且 mc1 上显示对勾
}else {
    cj1 = 0;
    mc1.gotoAndStop(3);
}
if (t2 == "fla") {
    cj2 = 50;
    mc2.gotoAndStop(2);
} else {
    cj2 = 0;
    mc2.gotoAndStop(3);
}
    cj = cj1 + cj2;
```

注意：

在制作【文字】层中两道填空题的答案输入区域（即 t1、t2）时,不要勾选【属性】面板中的【自动调整字距】复选框,如图 3-199 所示,否则 Flash 会将这个文本框看作一段文字（字符串）,而文字无法进行数学运算,因此会造成程序调试时条件永远不满足,即单击【提交】按钮后,mc1 和 mc2 始终显示错叉。

如果出现得分无法正常显示的情况,选中 cj,在【属性】面板的【消除锯齿】下拉列表中选择【使用设备字体】选项即可,如图 3-200 所示。

图 3-199　不要勾选此项

图 3-200　属性设置

实验六　综 合 实 验

一、实验目的

- 掌握制作综合动画的能力。
- 熟练掌握 AS 脚本语句的应用。

二、实验环境

- 硬件要求：微处理器 Intel 奔腾 4,内存 1GB 以上。
- 运行环境：Windows 7/8。
- 应用软件：Flash CS5。

三、实验内容与要求

（一）制作配有背景音乐的电子相册。

（二）开发考试系统中的选择题模块，要求能够判断对错、给出分数，如图 3-201 所示。

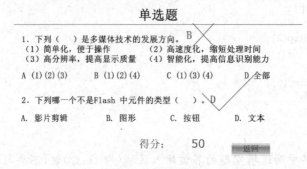

图 3-201　判分界面

（三）开发多媒体课件，效果如图 3-202 所示。

图 3-202　课件的运行界面

四、实验步骤与指导

（一）制作相册。

本例训练综合动画制作的能力。

（1）新建文档，设置大小为 600×600 像素，并将素材图片一一导入库中待用。

（2）新建图形元件 bg01、bg02、luhu1、lambo1、lambo2、lambo3，分别将背景图和素材图片拖入舞台。

（3）返回场景，制作相册的第一页。

① 将【图层 1】重命名为【背景】，拖入 bg01 元件，调整大小使其刚好覆盖文档；在第 20 帧插入关键帧，选择第 1 帧，设置图片的 Alpha 值为 0%，并创建传统补间，然后在第 70 帧插入帧。

② 新建 luhu1 图层，在第 20 帧插入关键帧，拖入 bg01 元件，调整其大小和位置如图 3-203 所示。

③ 新建【椭圆】图层，在第 20 帧插入关

图 3-203　调整素材图片的位置和大小

键帧，绘制任意填充色的椭圆；在第 40 帧插入关键帧，将椭圆放大使其刚好覆盖汽车，如图 3-204 所示，并创建补间形状；然后将该层设置为遮罩层，在该层的第 70 帧插入关键帧。

(a) 第20帧　　　　　　　　　　(b) 第40帧

图 3-204　椭圆图层的两个关键帧

④ 新建【文本 1】图层，在第 40 帧插入关键帧，在文档左上角输入文本，设置文本颜色为 ♯FF3300，并为文本添加"投影"滤镜效果，设置投影颜色为 ♯666666。

⑤ 在【文本 1】图层的第 50 帧插入关键帧，将文本移至舞台右下角的位置上，并创建传统补间。

⑥ 新建【线条】图层，在第 45 帧插入关键帧，绘制一短线条，粗度为 3，颜色为 ♯FF3300；在该层的第 50 帧插入关键帧，调整线条长度及位置，如图 3-205 所示，然后创建补间形状。

⑦ 新建【文本 2】图层，在第 50 帧插入关键帧，在线条下方输入文本，设置文本颜色为 ♯993333。

⑧ 新建【矩形】图层，在第 50 帧插入关键帧，绘制一个小矩形；在第 70 帧插入关键帧，调整矩形大小，如图 3-206 所示；创建补间形状，然后设置该层为遮罩层。

Flash 动画制作

(a) 第45帧

(b) 第50帧

图 3-205 【线条】层的两个关键帧

(a) 第50帧

(b) 第70帧

图 3-206 【矩形】层的两个关键帧

⑨ 在所有图层的第 90 帧延长帧。

(4) 制作相册的第二页。

① 打开【场景】面板,新增【场景 2】。

② 将【图层 1】重命名为【背景】,拖入 bg02 元件,调整大小使其刚好覆盖文档;并在第 90 帧插入帧。

③ 新建【矩形】图层,在第 1 帧绘制一个长条矩形,如图 3-207 所示;然后在第 20 帧插入关键帧,调整矩形与背景图片大小相同并刚好覆盖它;创建形状补间后将该层设置为遮罩层。

④ 新建 lambo1 图层,在第 20 帧插入关键帧,拖入 lambo1 元件,设置其 Alpha 为 25%,调整大小和位置,如图 3-208 所示;然后在第 30、40 帧分别插入关键帧并创建传统补间,选中第 30 帧处的元件,设置 Alpha 为 100%,在【变形】面板中设置其水平、垂直比例分别为 50% 和 10%。

图 3-207 【矩形】层的第 1 帧

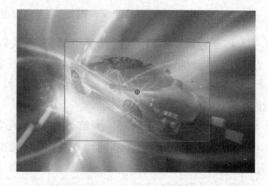
图 3-208 调整 lambo1 元件的位置、大小及透明度

⑤ 新建 lambo2 图层,在第 40 帧插入关键帧,拖入 lambo2 元件,设置其 Alpha 为 30%;打开【变形】面板,将其缩小为原来的 8%,并旋转 -30°。

⑥ 在 lambo2 图层的第 60 帧插入关键帧,设置 Alpha 为 90%；打开【变形】面板,水平、垂直比例为 20%,旋转 35°,并将元件拖至舞台中央偏右下的位置上；然后在第 40 到 60 帧之间创建传统补间,在【属性】面板中设置顺时针旋转 1 次。

⑦ 新建 lambo3 图层,在第 40 帧插入关键帧,拖入 lambo3 元件,设置 Alpha 为 30%；打开【变形】面板,将其缩小为原来的 10%,并旋转 25°。

⑧ 在 lambo3 图层的第 60 帧插入关键帧,设置 Alpha 为 90%,参照以上第⑥步,制作逆时针动画的效果。

⑨ 新建【文本】图层,在第 50 帧插入关键帧,输入文本,并为文本添加【渐变发光】等滤镜效果。

⑩ 新建【矩形 2】图层,在第 50 帧插入关键帧,在文本左侧绘制一个小菱形；在第 60 帧插入关键帧,调整菱形大小使其覆盖文本,如图 3-209 所示；然后创建形状补间,并设置该层为遮罩层。

(a) 第50帧   (b) 第60帧

图 3-209 【矩形 2】图层的两个关键帧

(5) 以上将相册的两页分别制作在不同场景中,也可以将第二页(场景 2)中的所有帧全部选中后复制并粘贴到第一个场景中；最后新建图层,插入背景音乐,【时间轴】面板如图 3-210 所示。

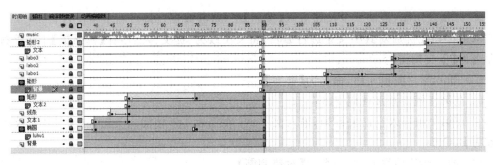

图 3-210 【时间轴】面板

(二) 开发填空题模块。

本例训练综合交互式动画的制作能力。

(1) 制作文字层。

① 将第 1 层命名为【文字】层,输入所有需要的文字,如图 3-211 所示。

② 将该层锁定。

(2) 制作按钮层。

① 新建图层,命名为【按钮】。

② 新建按钮元件,命名为【答案按钮】,在【弹起】帧绘制一个无边框、填充任意色的矩

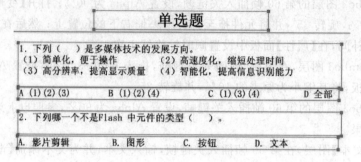

图 3-211　输入题干

形,由于需要按钮透明,因此调整它的 Alpha 为 0%,此时矩形不显示。

③ 在按钮的其他三个帧插入帧。

④ 返回场景,在【按钮】层上将制作的按钮拖动到选项上,并调整它的大小,使其刚好覆盖第 1 题的 A 选项。

⑤ 按 Ctrl 键拖动按钮七次,使每个答案选项上均有一个按钮覆盖,如图 3-212 所示。

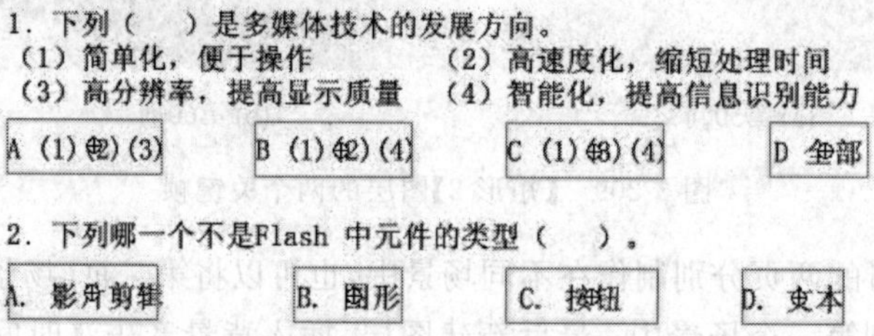

1. 下列(　　)是多媒体技术的发展方向。
(1) 简单化,便于操作　　　　(2) 高速度化,缩短处理时间
(3) 高分辨率,提高显示质量　　(4) 智能化,提高信息识别能力

A (1)(2)(3)　　　B (1)(2)(4)　　　C (1)(3)(4)　　　D 全部

2. 下列哪一个不是Flash 中元件的类型(　　)。

A. 影片剪辑　　　B. 图形　　　C. 按钮　　　D. 文本

图 3-212　为每个选项添加按钮

⑥ 打开公用库,拖动一个按钮进入【按钮】层,将其放置在舞台右下角位置;

双击按钮元件后对其中文字进行编辑,将文字改为“提交”,然后在【库面板】中将该按钮重命名为【提交按钮】。

(3) 插入影片剪辑元件,命名为【答案】。

① 在第 1 帧上添加代码 Stop( );

② 在第 2 帧插入空白关键帧,输入文本 A;在第 3、4、5 帧插入关键帧,将其中的文字分别改为 B、C、D。

(4) 插入影片剪辑元件,命名为【对错判断】。

① 在第 1 帧上添加代码 Stop( );

② 在第 2 帧插入空白关键帧,使用【线条工具】绘制一个红色的对勾形状。

③ 在第 3 帧插入空白关键帧,使用【线条工具】绘制一个红色的错叉形状,如图 3-213 所示。

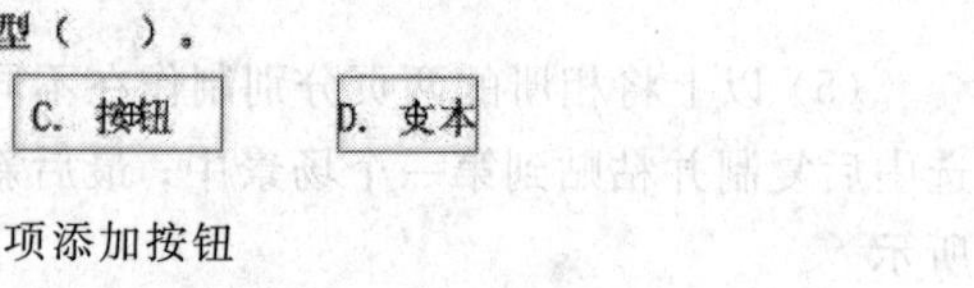

(5) 返回场景,选中【按钮】层,将【答案】元件和【对错判断】元件分别拖动到每题题干的后面。这样做是因为在设计时,希望每道题的选

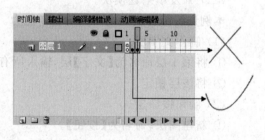

图 3-213　两个关键帧状态

择情况都直接反映在题干后。将以上拖动进来的四个影片剪辑实例名称分别定义为 mc1、mc2、mc3、mc4。如图 3-214 所示。

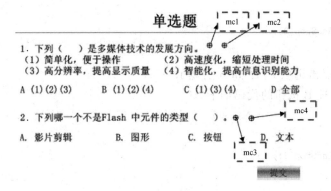

图 3-214　四个影片剪辑

（6）为两道选择题 8 个选项上的每个按钮添加代码如下。

① 第 1 题选项 A 按钮的代码如下。

```
on (release) {
    d1 = 0;
    mc1.gotoAndStop(2);
}
```

以上代码表示当单击选项 A 后，mc1 上显示 A；并且当选择 A 后，需要一个变量来记录用户的选择，进而为以后判断对错提供依据。

② 第 1 题选项 B 按钮的代码如下。

```
on (release) {
    d1 = 0;
    mc1.gotoAndStop(3);
}
```

以上代码表示当单击选项 B 后，mc1 上显示 B。

③ 第 1 题选项 C 按钮的代码如下。

```
on (release) {
    d1 = 0;
    mc1.gotoAndStop(4);
}
```

④ 第 1 题选项 D 按钮的代码如下。

```
on (release) {
    d1 = 1;
    mc1.gotoAndStop(5);
}
```

表示当单击选项 D 后，mc1 上显示 D。假如本题正确答案是 D，因此变量设为 1。

⑤ 第 2 题选项 A 按钮的代码如下。

```
on (release) {
    d2 = 0;
    mc3.gotoAndStop(2);
}
```

表示当鼠标点击选项 A 后,mc3 上显示 A。

⑥ 第 2 题选项 B 按钮的代码如下。

```
on (release) {
    d2 = 0;
    mc3.gotoAndStop(3);
}
```

⑦ 第 2 题选项 C 按钮的代码如下。

```
on (release) {
    d2 = 0;
    mc3.gotoAndStop(4);
}
```

⑧ 第 2 题选项 D 按钮的代码如下。

```
on (release) {
    d2 = 1;
    mc3.gotoAndStop(5);
}
```

(7) 在场景中添加【成绩】层,使用【文本工具】输入文字"得分:";使用【文本工具】拖动一个空白文字区,如图 3-198 所示,并在【属性】面板中设置其为动态文本,定义其变量名为 cj,选择【使用设备字体】选项,如图 3-215 所示。

(8) 添加【代码】层,给第 1 帧添加代码 Stop();,在第 2 帧插入空白关键帧,为其他几个图层的第 2 帧插入帧。

① 选定【提交】按钮,添加代码如下。

```
on (release) {
    gotoAndStop(2);
}
```

以上代码表示,如果单击【提交】按钮,则跳转到第 2 帧并停止。

② 选中【代码】层的第 2 帧添加代码如下。

图 3-215　设置【消除锯齿】模式

```
if (d1 == 1) {
    mc2.gotoAndStop(2);          // 如果 d1 = 1,即选择 D,则跳转到 mc2 的第 2 帧,即显示对勾
} else {
    mc2.gotoAndStop(3);          // 否则跳转到 mc2 的第 3 帧(显示错叉)
}
if (d2 == 1) {
```

```
        mc4.gotoAndStop(2);
    } else {
        mc4.gotoAndStop(3);
    }
```

说明：if 和 else 语句位于【动作】面板中的【语句】→【条件/循环】节点下。

（9）测试影片，发现运行一次后必须关闭文档，然后再测试再运行。将【按钮】层的第 2 帧转换为关键帧，使用公用库中的另一个按钮替换【提交】按钮，并将其中的文字改为【返回】，为该按钮添加代码：

```
on (release) {
    gotoAndStop(1);
    mc1.gotoAndStop(1);
    mc2.gotoAndStop(1);
    mc3.gotoAndStop(1);
    mc4.gotoAndStop(1);
}
```

以上代码表示，当单击【返回】按钮时，跳转到第 1 帧且停止，并且 mc1、mc2、mc3、mc4 全部清空。

（10）编写代码计算得分：在场景中【代码】层第 2 帧继续追加代码：

```
cj = (d1 + d2) * 50;
```

（11）测试影片，发现单击【返回】按钮后，得分一栏的分数没有消失，因此在【返回】按钮中再添加代码 cj=""; 。

（12）测试后保存并导出影片。

（三）开发多媒体课件。

本例考查运用 AS 制作综合动画的能力。

分析：第一部分是开头部分，需要 loading 加载，第二部分是课件的主体，第三部分结尾，需要出现制作者信息等字幕，因此本例共需要制作三个场景。

（1）准备素材。

① 考虑该多媒体课件制作的主要内容是什么，搜集到相关素材后将它们归类。本例中，需要展示两部分内容：第一部分是 flash 的教程，共有三段视频；第二部分是四个已经制作完成的实例。因此，需要将这些相关的文件归档存放在一起。

② 新建一个空白文档，将它和以上准备的文件夹保存在同一路径下，如图 3-216 所示。

（2）制作片头（场景 1）的遮罩效果。

① 根据素材的大小（本例为 550×400 像素）设置新建的 Flash 文档大小为 550×430 像素，预留 30 像素用来放置导航按钮。

② 绘制一个无填充色、边框色任意的矩形，设置大小为 550×430 像素，使之刚好覆盖舞台。

③ 选中该矩形，复制一份，打开【变形】面板，设置【缩放比例】为 200%，如图 3-217 所示；将复制的矩形调整为一个大矩形，然后给大矩形填充黑色。

④ 删除小矩形的边框线，即形成遮罩效果，如图 3-218 所示。

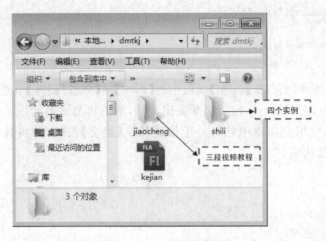

图 3-216　文件归类存放

图 3-217　调整大小

图 3-218　遮罩效果

（3）锁定以上制作的图层，新建图层，制作 Loading 效果。

说明：在线观看 Flash 电影时，有时由于文件太大，或是网速限制，需要装载一段时间才能播放，但由于装载所需的时间对于观看者来说是未知的，因此在 Flash 电影装载过程中，如果没有任何提示，多数用户都很难有足够的耐心长时间等待。因此制作一个 Loading 画面显得尤为重要。

设计思路：计算该 Flash 动画的总字节数和已下载的字节数，若两者相等，则开始播放后面的动画。

① 制作显示已下载百分比的文本框：绘制一个文本框，设置为【动态文本】，并定义其变量名为 bfb。

② 制作进度条元件。

a. 插入影片剪辑元件，命名为【进度条】。

b. 在【图层 1】上绘制一个边框线为蓝色、无填充色的长条矩形，选中后复制。

c. 新建【图层 2】，在第 1 帧上选择【粘贴到当前位置】命令，绘制两个重叠的矩形。然后将【图层 2】上的矩形填充蓝色、删除边框线。

d. 在【图层 2】的第 100 帧插入关键帧，返回第 1 帧，设置矩形的宽度为 1，并创建补间形状。

e. 在【图层 1】的第 100 帧插入帧。

f. 测试元件,效果如图 3-219 所示。

图 3-219　元件测试效果

g. 为【图层 2】的第 1 帧添加动作代码 Stop();。

③ 回到场景中,将【进度条】元件拖入舞台,并定义其实例名称为 mc。

④ 编写代码。

a. 新建图层,命名为【代码】,在第 2 帧插入空白关键帧,添加动作代码如下。

```
a = _root.getBytesLoaded();        // getBytesLoaded()表示将已下载的字节数返回给变量 a
b = _root.getBytesTotal();         // getBytesTotal()表示总字节数
c = int(a/b * 100);                //求已经下载的百分比,不需小数位
bfb = c + " % ";                   //舞台的文本区显示百分比
mc.gotoAndStop(c);                 //对应的【进度条】元件转到第 c 帧
```

b. 在第 3 帧插入空白关键帧,添加动作代码如下。

```
if (a == b) {
 gotoAndPlay(4);                   // 如果已下载 = 总字节数,则动画继续往后播放
} else {
 gotoAndPlay(1);
}
```

c. 在【图层 1】和【图层 2】的第 3 帧插入帧。

⑤ 通过插入背景图片或设置文字属性来美化整个多媒体课件的开头部分,本例制作的片头如图 3-220 所示。

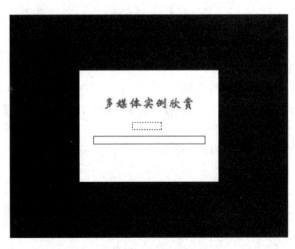

图 3-220　片头部分

注意:如果后面的【场景 2】、【场景 3】中的 Flash 文件较小,Loading 加载会非常快,可能会造成看不清楚百分比的变化就直接跳到 100% 开始播放。此时有两种方法解决这个问题。

- 按 Ctrl＋Enter 测试影片后，再按 Ctrl＋Enter 即可看到 Loading 整体效果。
- 在 Flash CS5 界面中打开生成的 swf 文件，选择【视图】→【下载设置】→【DSL (32.6KB/s)命令，然后选择【视图】→【模拟下载】命令，同样能够看到百分比变化。

（4）制作主体部分（场景 2）。

① 选择【插入】→【场景】命令插入一个新场景，首先将刚才在【场景 1】中制作的遮罩图层复制到新场景中。锁定该层。

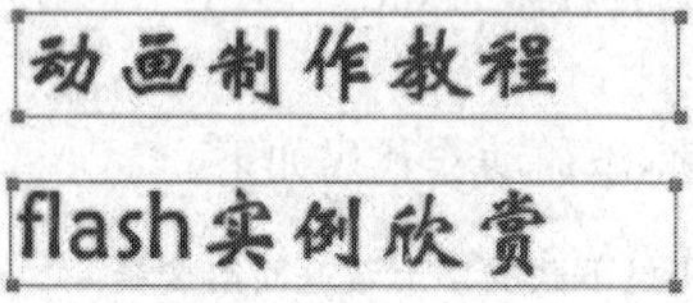

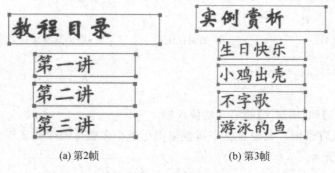

图 3-221　输入文字

② 新建三个图层，分别重命名为【界面】、【导航】、【加载】。

③【界面】图层制作。

a. 在第 1 帧输入主界面上的静态文字"动画制作教程"、"flash 实例欣赏"，如图 3-221 所示。

b. 在第 2 帧插入空白关键帧，输入二级界面下的文字，如图 3-222(a)所示。

c. 在第 3 帧插入空白关键帧，输入二级界面下的文字，如图 3-222(b)所示。

(a) 第2帧　　　　　　　　　　(b) 第3帧

图 3-222　二级界面文本

d. 锁定该图层。

④ "导航"图层制作。

a. 从公用库中拖入一个按钮进入舞台，双击该实例进入编辑状态，删除按钮上的文字。

b. 按 Ctrl 键拖动复制三个按钮，单击【对齐】面板中的【水平分布】、【垂直分布】按钮使之均匀排列在舞台下方。

c. 使用【文本工具】在四个按钮上输入文字"上一个"、"下一个"、"返回"、"退出"，如图 3-223 所示。

图 3-223　按钮

d. 选定【退出】按钮，添加动作代码如下。

```
on (release) {
    fscommand("quit");
}
```

选定【上一个】按钮,添加动作代码如下。

```
on (release) {
    prevFrame();
}
```

选定【下一个】按钮,添加动作代码如下。

```
on (release) {
    nextFrame();
}
```

选定【返回】按钮,添加动作代码如下。

```
on (release) {
    gotoAndStop(1);
    unloadMovieNum(1);          //卸载已经加载的影片,否则界面仍保留在加载的影片上
}
```

e. 在第 2、3、4 帧分别插入关键帧,由于第 1 帧显示的是主界面,只需要【退出】按钮,因此在第 1 帧将其他三个按钮都删除;在第 2 帧和第 3 帧还没有进入具体的内容,因此只保留【返回】和【退出】按钮,在第 4 帧保留全部四个按钮。

f. 锁定图层。

⑤ "加载"层设置。

a. 在第 4 帧插入空白关键帧,该帧上要加载教程的第一讲,因此添加动作代码如下。

```
loadMovieNum("jiaocheng/1.swf", 1);
```

b. 在第 5 帧插入空白关键帧,该帧上要加载教程的第二讲,因此添加动作代码如下。

```
loadMovieNum("jiaocheng/2.swf", 1);
```

c. 在第 6 帧插入空白关键帧,该帧上要加载教程的第三讲,因此添加动作代码如下。

```
loadMovieNum("jiaocheng/3.swf", 1);
```

d. 在第 7 帧插入空白关键帧,该帧上要加载实例赏析的第一例,因此添加动作代码如下。

```
loadMovieNum("shili/1.swf", 1);
```

e. 在第 8 帧插入空白关键帧,该帧上要加载实例赏析的第二例,因此添加动作代码如下。

```
loadMovieNum("shili/2.swf", 1);
```

f. 在第 9 帧插入空白关键帧,该帧上要加载实例赏析的第三例,因此添加动作代码如下。

```
loadMovieNum("shili/3.swf", 1);
```

g. 在第 10 帧插入空白关键帧,该帧上要加载实例赏析的第四例,因此添加动作代码

如下。

```
loadMovieNum("shili/4.swf", 1);
```

⑥ 在【图层1】和【导航】图层的第10帧插入帧,如图3-224所示。

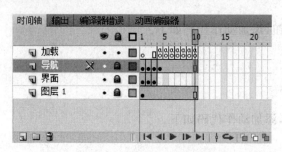

图 3-224 【时间轴】面板

⑦ 制作透明按钮。

a. 新建按钮元件,在【弹起】帧绘制一个无边框矩形,设置 Alpha 为 2%;然后在【弹起】帧插入帧。

b. 回到【场景2】中,拖动透明按钮若干次并分别放置到【界面】图层前三帧的文字上。

⑧ 为各按钮添加代码。

a. 选择【界面】图层的第1帧,选中"动画制作教程"文字上的按钮,添加动作代码如下。

```
on (release) {
    gotoAndStop(2);
}
```

b. 选中"flash实例欣赏"文字上的按钮,添加动作代码如下。

```
on (release) {
    gotoAndStop(3);
}
```

c. 选择【界面】图层的第2帧,选中"第一讲"文字上的按钮,添加动作代码如下。

```
on (release) {
    gotoAndStop(4);
}
```

d. 选中"第二讲"文字上的按钮,添加动作代码如下。

```
on (release) {
    gotoAndStop(5);
}
```

e. 选中"第三讲"文字上的按钮,添加动作代码如下。

```
on (release) {
    gotoAndStop(6);
}
```

f. 选择【界面】图层的第 3 帧,选中"生日快乐"文字上的按钮,添加动作代码如下。

```
on (release) {
    gotoAndStop(7);
}
```

g. 选中"小鸡出壳"文字上的按钮,添加动作代码如下。

```
on (release) {
    gotoAndStop(8);
}
```

h. 选中"不字歌"文字上的按钮,添加动作代码如下。

```
on (release) {
    gotoAndStop(9);
}
```

i. 选中"游泳的鱼"文字上的按钮,添加动作代码如下。

```
on (release) {
    gotoAndStop(10);
}
```

⑨ 将【加载】层的第 1、2、3 帧转换为关键帧并分别添加代码 Stop();。

(5) 制作片尾(场景 3)。

① 选择【插入】→【场景】命令插入一个新场景,将【场景 1】的遮罩效果层复制到新场景中。

② 新建图层,使用文字工具输入制作人等信息。

③ 插入图片等素材进行进一步美化操作。

(6) 在【场景 2】中添加按钮【结束观看】,并为按钮添加动作代码如下。

```
on (release) {
    gotoAndPlay("场景名",1);
}                       //单击【结束观看】按钮,开始播放字幕
```

(7) 测试影片,选择【文件】→【发布设置】命令,在【发布设置】对话框中勾选【Win 放映文件】复选框。此时,不管机器上有没有安装 flash 播放器,都可以运行该 exe 文件。

注意:发布成 exe 文件后,可能出现一旦运行 exe 文件就无法载入相同路径下的外部 swf 影片,屏幕变成一片空白的情况。解决方法是在 loadmovie 或 loadMovieNum 的路径前加符号"/",本例中即修改代码为 loadMovieNum("/shili/3.swf", 1);。

第4章 音频编辑

本章相关知识

Samplitude 简称 Sam，是德国 MAGIX 公司开发的一款功能强大、人性化的计算机录音及后期音频制作软件。它具有数字影像、模拟视频录制和 5.1 环绕声制作功能，支持各种格式的音频文件，根据需要，用户可以任意切割、编辑音频素材；其自带频率均衡、动态效果器、混响效果器、降噪、变调、压限等处理功能，能回放、编辑 midi 文件，可直接烧录音乐 CD 碟片。值得一提的是，Samplitude 对音频的处理具有专业品质，同时具有非破坏性的特点。此外，Samplitude 具有三大特点，一是快捷键多，且这些快捷键均可以自定义；二是右键菜单多，同时符合用户操作 Windows 的习惯；三是可自定义程度高，不仅快捷键、工具条可以自定义，而且波形显示方式、颜色、主窗口样式、鼠标样式等均可自定义，操作非常灵活。用户多用"不限"一词来描述 Samplitude 的特点。

本章介绍了五个实验，要求学生熟练地掌握 Sam 软件的相关操作，并能在后期进行编辑制作，从而制作优秀的多媒体音频文件，比如自制一段手机铃声、录制一首歌曲、一段配乐诗朗诵、一段广告等。需要指出的是，音频作品不同于其他视觉作品，它的制作效果往往依赖于制作者的听觉感受，经过听力训练的人一般更容易把握对效果的调节。

实验一 Samplitude Pro X 的安装与基本操作

一、实验目的

- 掌握 Samplitude Pro X 的安装以及第三方插件 VST 的安装方法。
- 熟悉 Samplitude 的界面，掌握新建工程的相关设置与基本操作。

二、实验环境

- 硬件要求：微处理器 Intel 奔腾 4，内存 1GB 以上，声卡（如果条件允许，可配置档次较高的声卡）。
- 运行环境：Windows 7/8。
- 应用软件：Samplitude Pro X。

三、实验内容

（一）安装 Samplitude Pro X 主程序及效果器插件。

（二）新建项目文件及参数的设置。

四、实验步骤与指导

（一）Samplitude Pro X 主程序及效果器插件的安装。

本例考查 Sam 第三方插件的安装方法。

（1）安装 Sam 主程序。

主程序的安装比较简单，与其他应用软件相同，可根据程序安装向导分步完成。安装完毕后，填写正版授权序列号或在 USB 接口处插入硬件加密狗，系统即可自动验证并启动程序。

（2）退出安装界面，启动 Sam，进入运行窗口，如图 4-1 所示，然后关闭程序。

图 4-1　Sam 主窗口

（3）安装效果器插件。

以 TC3.0 插件为例，与其他插件的安装方法类似。

方法一：

① 在计算机任意磁盘分区下（比如 D 盘）新建文件夹，命名为【VST 效果器插件】。

② 双击 TC3.0setup.exe 文件，安装路径可任意指定，这里选择系统默认路径 C:\Program Files\Steinberg\VstPlugins，单击 Next 按钮，直至完成安装。

③ 重新启动计算机，打开默认安装路径 C:\Program Files\Steinberg\VstPlugins 中的 VstPlugins 文件夹，继续双击打开 TC Native Bundle V3.0 文件夹，其中多个扩展名为 .dll 的文件即为各种效果器插件。例如其中的 limiter.dll 文件，即为限制器的程序。

④ 将后缀名为 .dll 的文件全部复制或剪切到第①步创建的 VST 效果器插件文件夹中。

⑤ 运行 Samplitude，打开任意一个工程文件，选择【文件】→【程序首选项】→【系统音频】→【效果】→【VST、DirectX、Rewire 设置】命令，在弹出的对话框中单击 VST 插件路径右侧的文件夹图标，在下拉列表中选择【浏览 VST 文件夹】，选择 D 盘的 VST 文件夹选项后单击【确定】按钮，即可完成 VST 效果器插件的安装，图 4-2 为插件的安装界面。

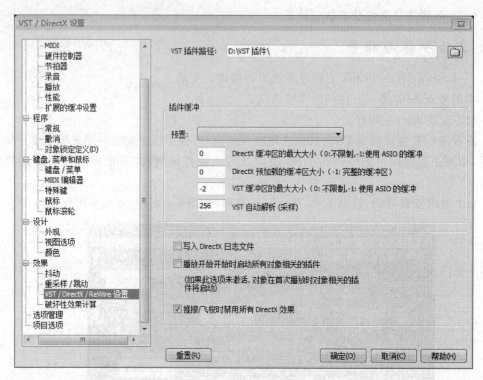

图 4-2　VST 插件安装

方法二：

启动 Samplitude，按快捷键 M 或【传送控制器】面板中的【调音台】按钮，如图 4-3 所示，将鼠标指针移至插件右边的三角处，弹出如图 4-4 所示的面板，在下拉列表中单击【VST/DirectX/Rewire 设置】选项，其他设置方法同方法一，完成 VST 插件安装。

图 4-3　传送控制器

说明：

插件是遵循一定规范的应用程序接口而编写出来，且必须依附宿主程序才能运行的小程序。它一般是针对某个应用软件的不足，由软件编制者以外的其他组织或者个人开发，可以通俗地理解为"程序外挂"。因此，效果器插件是依附音频编辑软件（宿主程序）而进行声音效果处理的小程序。

严格地说，完美的声音不需要效果处理，但由于各种因素的影响，往往需要在后期制作中，对音频素材进行"修补"，以美化或丑化声音，达到创作目的。音频工程后期声音的处理基本依靠效果器完成，因此效果器插件非常重要。

除了自带效果器外，Sam 还支持另外两种格式的第三方效果插件，即 DX 插件和 VST

图 4-4　插件下拉列表

插件。如果用户对 Sam 本身自带的效果器不满意,可以安装使用第三方插件以拓展功能。一般情况下,安装 DX 插件后,程序会自动将其安装到相应目录中,运行宿主程序后,系统会自动扫描并调用。但 VST 插件与 DX 插件不同,VST 插件的各种效果程序都在扩展名为 dll 的文件中,这些 dll 文件必须存放在指定的 VST 插件目录下,宿主程序在运行时才可识别。因此,VST 插件需要按照正确的方法安装,才可在宿主程序中调用;否则,插件将不能被主程序识别,使用宿主软件进行音频编辑时将找不到相应的效果器插件。目前第三方 VST 格式插件逐渐成为主流格式,学习音频编辑前,首先需要掌握其正确的安装方法。

（二）设置项目的参数。

本例考查在新建工程进行音频编辑之前,设置常用参数的方法。

运行 Sam 软件,弹出【启动向导】对话框,如图 4-5 所示,该对话框左侧是【启动选择】项,下面列表框中会列出已经处理项目的历史记录,右侧则为【帮助】选项,单击【新建多音轨项目】按钮。

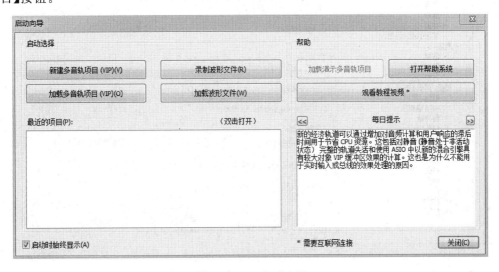

图 4-5　Sam 启动向导

各按钮功能为:【新建多轨项目(VIP)】可建立一个新的虚拟项目工程;【加载多音轨项目(VIP)】可打开一个已建立、扩展名为.Vip 的工程项目;【录制波形文件】录制非建立项目工程的音频;【加载波形文件】可使用波形编辑器打开存储器中已存在的音频文件并进行破坏性编辑处理,其中,前两个按钮比较常用。

单击【新建多音频项目(VIP)】按钮或选择【文件】→【新建虚拟项目】命令(无启动向导对话框),弹出如图 4-6 所示对话框。

提示:在弹出的【启动向导】对话框中,取消对【启动时始终显示】复选框的选中,下次运行Samplitude 时,则不弹出启动向导对话框,若需恢复,选择【帮助】→【启动向导】命令,选中【启动时始终显示】复选框。

① 填写项目名称,并在 D 盘新建文件夹用于存放该项目。

说明:Sam 在运行中将产生扩展名为 mh2、hdp、mhs 的中间文件,并存放在默认文件夹中,若用户处理两个以上不同的工程文件,将会出现多个中间文件,会显得凌乱,不便管理,建议用户对新建的工程项目均建立一个文件夹存放工程文件。

图 4-6 新建虚拟项目

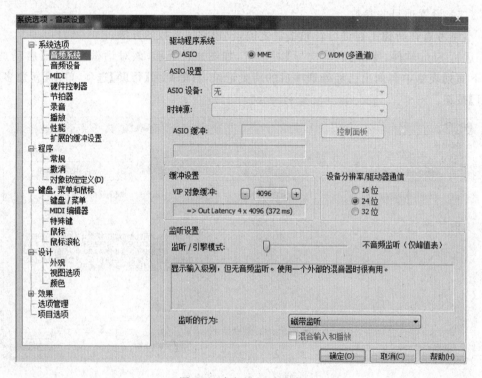

图 4-7 音频设置对话框

② 其他选项根据需要进行设置,本实验设置的参数为 4 条音轨、4 条 Busses 编组音轨、4 条 Auxes 辅助音轨,采样频率为 44100Hz;设置完毕后单击【确定】按钮进入主窗口。

③ 选择【文件】→【程序首选项】→【系统/音频】命令,打开设置对话框,相关设置如图 4-7 所示。

在【音频系统】选项卡中,【驱动程序系统】栏有三个可选项,用户根据使用的声卡类型选择相应的驱动。如果用户使用专业声卡,且支持 ASIO 驱动,则选择第一项。使用 ASIO 驱动播放音乐时,时间延迟极低,且支持听干录湿。如果用户使用一般品质的声卡或集成声卡,推荐选择第二项 MME。

五、知识拓展

(一) 软件介绍

音频编辑软件种类较多,较著名的有德国 MAGIX 公司开发的 Samplitude、美国 Syntrillium 公司开发的 CoolEdit(2003 年被 Adobe 公司收购,现在该软件更名为 Adobe Audition)、Sonic Foundry 公司开发的 Vegas、美国 DegiDesign 公司开发的 Pro Tools 系列及德国 Steinberg 公司的 Nuendo 系列等。其中,Samplitude 更为专业,操作更加人性化。

(二) 声音的制作方式

声音的制作方式主要有两种,一种是同期录音,另一种是后期合成。同期录音方式比较简单,只需传声器、调音台和双轨录音机即可完成。后期合成由两个环节组成,即前期声音采集与后期混缩合成。前期声音采集方法与同期录音方式相同,目的是采集更多的声音,比如交响乐需对多种乐器的声音进行录制,因此需要使用多轨录音机,如 24 轨、48 轨。后期合成是对录制的各种声音根据作品要表达的思想进行各种编辑处理,最后混缩为双声道或其他声道类型。

采用以计算机技术为支撑的数字音频工作站的方式对声音进行编辑,可将声波转化为可视化界面,处理看不见的声波就像在 Word 文档中进行简单的复制粘贴一样容易。目前,数字音频工作站已经成为声音处理不可或缺的技术手段。

(三) 效果器

效果器是专业音频处理中最常用的设备,其主要功能是处理声音中的缺陷,以达到美化或丑化声音的目的。在专业音响设备和录音设备中,效果器大多以硬件设备的形式存在,且这些设备根据档次不同,价格相差悬殊。一般地说,硬件音频处理设备的音质效果与价格近似成指数关系,音质越好,设备价格越高。音频软件的开发应用极大地降低了用户获得高品质音质的经济开销,因此音频编辑软件得到了广泛的应用。实质上,音频软件的效果器插件等同于硬件设备软件化,且功能强大。

效果器有广义与狭义之分,广义的,只要对声音有修饰作用的都可以称之为效果器,比如房间均衡器、压缩限制器、音频激励器、降噪器、扩展器及混响效果器等;狭义上的效果器特指混响效果器。深入了解和掌握效果器的原理、作用与调节,对于音频编辑非常重要。

(四) 插件厂商简介

1. Waves 公司

Gilad Keren、Meir Shashua 于 1992 年成立 Waves 公司。到目前为止,Waves 公司开发

的效果器插件已达到 60 余种,被广泛地应用到广播、电影、音乐制作等行业,成为效果器插件领域的佼佼者。这些效果器插件中常用的主要有动态处理效果器 Audio Track(音频轨)和 C1、C4 系列,最大化效果器 Ultramaximizer L1、L2、L3-16 系列,复兴系列效果器,总线主控效果器 Linear Phase EQ、Linear Phase Multiband,吉他效果处理工具 Guitar Tool Rack,Z-Noise 降噪处理效果器,Vocal 声码人声效果器,卷积混响效果器,模仿硬件效果器 SSL 4000 Collection 系列、V-Series 系列,等等。

2. Waves Arts 公司

Waves Arts 公司出品的音效处理软件具有专业级别,其注重于总线主控后期处理。目前,其产品系列主要有 Panorama 效果处理器、音轨处理工具 TrackPlug、多段动态处理器 MultiDynamics、总线主控混响处理器 MasterVerb、最大化效果器及主控限制器 FinalPlug。

3. PSP 公司

SONY 旗下的 PSP 公司是较早进行音频效果器开发的公司,目前具有一定的市场份额。该公司的产品主要有立体声效果处理系列 PSP PseudoStereo、PSP StereoEnhancer、PSP StereoController、PSP StereoAnalyser,混音系列 PSP MixBass、PSP MixSaturator、PSP MixTreble、PSP Impressers,总线主控系列 PSP MasterComp、PSP MasterQ、PSP Neon、PSP VintageWarmer 和 PSP EffectsPack 系列,等等。

4. Nomad Factory 公司

该公司专门开发模拟电子管效果的插件,比如音频工作室常用的 Essential Studio Suite Liquid Bundle 插件包、蓝色电子管系列 Blue Tubes Bundle、混响器 BlueVerb DRV-2080。

除以上提及的几家公司之外,Voxengo、Kjaerhus、Sonalksis、Sternberg、Cakewalk、Native Instrument、Propellerhead、Image-line 等厂商也开发了优秀的效果器插件,需要指出的是,目前我国国内的效果器插件几乎是空白,状况有待改善。

实验二　利用人耳听觉特性编辑音频

一、实验目的

- 掌握使用 Sam 信号发生器产生噪声和单音的方法。
- 通过各频段听音,熟悉可闻声各个频段声音的特点。
- 了解弗莱彻-芒森等响曲线的相关知识。
- 了解混响声的特点。

二、实验环境

- 硬件要求:微处理器 Intel 奔腾 4,内存 1GB 以上,声卡、监听耳机或监听音箱。
- 运行环境:Windows 7/8。
- 应用软件:Samplitude Pro X、31 段均衡器插件 GEQ31V。

三、实验内容

(一)使用 Sam 信号发生器产生粉红噪声、白噪声与纯音。

（二）使用粉红噪声练耳。

（三）监听高、中、低各频段对音乐表现效果的影响。

四、预备知识

（一）声音的三要素

听觉是耳朵拾取的声波对大脑刺激的主观反应。如果声波频率在 20～20 000 Hz 可闻声范围内，且具有一定的强度，那么人耳就能听到。低于 20 Hz 的声波称为次声波，高于 20 000 Hz 的声波称为超声波，人耳听不见这两种声音。人耳对声音的反应，主要体现在响度、音调和音色三个方面。

1. 响度

响度是人耳对声音大小、强弱的主观感受。它主要由声压或声强决定，但与声波的频率、波形也有关系。比如，声强相同、频率不同，人耳听起来响度就会有所不同，频率在 1000～4000 Hz 之间听起来最响；在此范围之外，随着频率的升高或降低，听到的响度会减弱。当频率低于 20 Hz 或者高于 20 000 Hz 时，再大的声强也听不到。

多年前，弗莱彻和芒森两人以多组听力正常的人作为样本进行研究，绘制出了著名的"弗莱彻-芒森等响曲线图"，也称为等响曲线，该曲线描述了频率、响度级、声压级之间的关系，如图 4-8 所示。

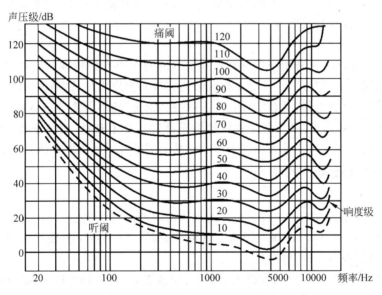

图 4-8　弗莱彻-芒森等响曲线图

从该曲线可以看出，不同频率的声音如果要产生同样响度，所需声强级不同。

- 低响度时，等响曲线上各频率声音的声压级相差很大。比如频率为 30 Hz 的声音达到 10 宋（响度单位）响度时，需约 70 dB 声压级；而对于频率为 10 kHz 英小的声音，达到相同响度只需约 20 dB 的声压级，两者声压级相差约 50 dB。
- 高响度时，等响曲线较为平坦，说明在高声压时，各频率的响度基本相同。

在曲线簇的高频段，高响度级与低响度级的曲线斜率及其间隔基本一致，说明高频段的响度变化与声压级增量基本一致;而在曲线簇的低频段,低响度级曲线斜率较大,等响曲线的间隔较小,说明低频段声压级的微小变化就会导致响度的较大变化。

由曲线还可以看出,随着响度的增加(曲线变得平坦),频率对响度的影响越来越小。生活经验也证明了这点,比如人们在播放音乐时,若将音量开得很大(声强级高),会感到音乐的高、中、低音都很丰满;而将音量开得小时(声强级低),会感到高、低音不足,频带变窄,特别是低音很难听出来,影响了音乐表现力。为了保证在不同的声强级下,各个频段的声音保持原音色,就必须根据等响曲线进行补偿,即小音量时提升高频与低频,大音量时不需提升高频与低频,这样整个频段声音听起来较"均衡"。这就是高保真音响系统中设置等响度控制开关的作用。

2. 音调

音调的高低取决于声音频率的高低,是人耳对调子的主观感受。频率越高,即调子越高,反之调子越低。一般情况下,人耳听觉的最小分辨率为 2Hz,比如人耳能听出 1000Hz 和 1002Hz 的区别,但很难听出 1000Hz 与 1001Hz 有什么不同。

人耳对频率高低的感受近似于指数特性。比如,一组频率为 200Hz、300Hz、400Hz、500Hz 的纯音,均相差 100Hz,是"等距离"的,但在人耳听觉上它们却非"等距离"。频率越高,人耳感觉间隔越"小";而对于 200Hz、400Hz、800Hz、1600Hz 的一组纯音,人耳听觉上则是"等距离"的。换句话来说,严格按照 $\times 1$,$\times 2$,$\times 4$,$\times 8$……的序列排列(即遵循 2^n 规律)的声音频率,人耳听觉上频率间隔才相等。这种频率相隔 2:1 的音程,电声学中称其为倍频程,音乐学中称其为八度音程。

3. 音色

音色即人耳主观上区分相同响度和相同音调的两个声音的特性。比如,分别用小提琴和吉他弹出相同响度的"咪",人耳能立刻区分是何种乐器发出的,这是因为虽然两种乐器发出的"基音"相同,但发出的"泛音"不同。人耳根据"泛音"的不同来区分不同的乐音。

在音频素材处理后期,制作效果的优劣均需通过耳朵来鉴别,而制作者对声音的音调、响度与音色的敏感程度将在很大程度上影响作品的调节效果。因此,"练耳"显得尤为重要。

(二) 各个频段声音的特点

1. 声音

对音乐及人声而言,30～200Hz 频段的声音影响声音的深重感;200～500Hz 频段影响声音的力度感;500～4000Hz 频段影响声音的明亮感;4～8kHz 频段影响声音的清脆感;8～16kHz 频段影响声音的纤细感。

乐曲中,如果频率 30～500Hz 缺乏,则声音单薄乏力,若该频率过多,则声音浑浊;如果频率 500～5kHz 缺乏,则声音显得飘散、沉闷,若该频率过多,则声音生硬;如果频率 5～16kHz 缺乏,则声音显得暗淡,若该频率过多,则声音尖刺。

2. 噪声

自然界中,还有一类特别的声音即噪声,该声音并非"噪音",基于其固有特性,常被用于声学测量。

- 白噪声:在较宽的频率范围内,各等带宽的频带所包含噪声能量相等的噪声。白噪声在各个频段上的功率相同,类似于收听调频广播时在无节目的频段上所听到嗞嗞响的电波声。

- 粉红噪声：该噪声所在的频率范围非常宽，等比例的带宽其能量相等。其特点是在对数频率坐标中，能量分布均匀；而在线性频率坐标中，随着频率的增大，每倍频程能量上升 3dB。粉红噪声是一种理想的声音测试信号。
- 布朗噪声：又称为"红噪声"，是另外一个极端的声音现象。类似于物理学中的"布朗运动"，这种声音的前后音程差是微小的、随机的、无规律的。

（三）混响声的基本概念及混响的作用

人们都有这样的体验，在比较大的、空旷的房间里唱歌时会感觉声音很美妙，但如果两个人在距离较远的情况下交谈，可能听不清对方说什么，语音的可懂度就会下降。产生这种现象的原因，主要是室内存在复杂的声音反射等传播现象。

室内声音与室外声音差别很大。在室内，当声音由声源发出后，会在房间的表面上产生反射、吸收、扩散、透射、干涉和衍射等波动作用，共同形成复杂的室内声场。在室内，传入人耳的声音主要有三种，一是由声源直接传入人耳的直达声；二是经界面反射后进入人耳的近次反射声（又称前期反射声），近次反射声与直达声相比，其延迟时间小于 50ms；三是经室内各个表面对声音信号无规则、多次反射所形成的声音，即混响声。声波每入射、反射一次，声功率就会被表面吸收一部分，混响声在一段时间内会逐渐减弱，由最大值减弱到 60dB 所需的时间，称为混响时间，常用 RT_{60}（或 T_{60}）表示。

直达声、近次反射声和混响声对人耳形成的听觉感受有所不同。直达声是最主要的声音成分，决定了声音的清晰度。直达声过多，其他声音成分少，声音听起来会发"干"。近次反射声对提高声压级与清晰度有益，对直达声有加重、加厚的作用，能使音色变得更加丰满，是一种有用的反射声。直达声和反射声间隔大于 50ms 时就会听到回声，会影响语音的可懂度。混响声能帮助人们辨别空间大小，对音乐节目来说，它可增加乐声的丰满度；但在提供优美动听效果的同时对近次反射声具有掩蔽效应，影响了声音的清晰度和语言的可懂度，因此该声音成分不可没有，也不宜过大。

五、实验步骤与指导

（一）使用 Sam 信号发生器产生粉红噪声、白噪声与纯音。

本例考查波形生成器的使用方法。

（1）启动 Sam，在弹出的【启动向导】对话框中单击【新建多音轨项目】按钮，将新建工程项目命名"粉红噪声"。

（2）选择【效果】→【波形生成器】命令，在弹出的对话框中选择【粉红噪声】选项，单击【确定】按钮，如图 4-9 所示；在随后弹出对话框的【文件类型】下拉列表中选择【波形文件】，并输入噪声文件名"粉红噪声.wav"。

（3）此时音轨中即生成粉红噪声波形，如图 4-10 所示。

（4）单击【调音台】面板中的【播放】按钮试听粉红噪声。

说明：其他两种声音的生成方法与粉红噪声类似。

（二）使用粉红噪声练耳。

本例考查使用粉红噪声练耳的方法，要求学生体会各频点对声音音效的影响。

（1）在音轨中导入粉红噪声，将素材中的"GEQ31V.dll"文件复制到 VST 插件文件夹中，打开【调音台】面板，在【插件】下拉列表中选择 VST FX→ANWIDA Soft GEQ31V，插入

31 段均衡器插件,调节窗口如图 4-11 所示。

图 4-9　波形生成器设置

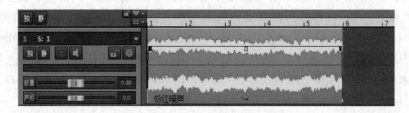

图 4-10　音轨中粉红噪声波形图

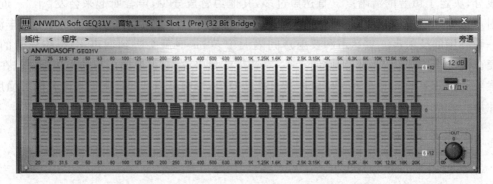

图 4-11　31 段均衡器调节窗口

(2) 将 3.15kHz 频点提升 12dB,如图 4-12 所示,单击【调音台】面板中的【播放】按钮,监听声音;然后将 3.15kHz 频点衰减 12dB,如图 4-13 所示,单击【调音台】面板中的【播放】按钮,监听声音。

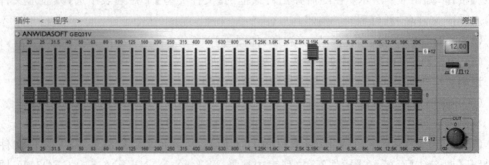

图 4-12　提升 12dB

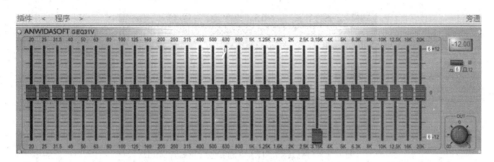

图 4-13　衰减 12dB

（3）依次将 63Hz、125Hz、250Hz、500Hz、1kHz、2kHz、4kHz、8kHz、16kHz 频点提升再衰减 12dB，监听声音的变化，反复练习，训练人耳听觉对频率的感知能力。

（三）监听高、中、低各频段对音乐表现力的影响。

本例要求学生试听并体会各频段对音乐表现力的不同影响。

（1）选择【文件】→【导入】命令，将素材中的"雁南飞.mp3"导入音轨中，然后打开【调音台】面板，如图 4-14 所示。

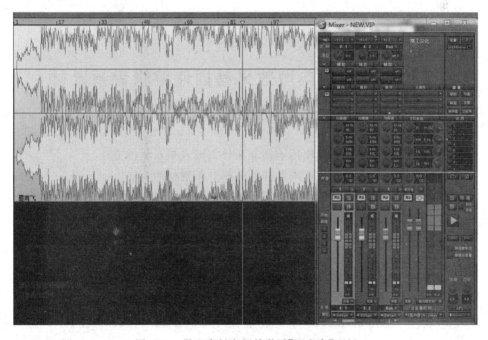

图 4-14　导入素材音频并激活【调音台】面板

（2）分别将【调音台】面板中的四段均衡器旋钮提升再衰减 20dB，其他参数不变，监听声音的变化，体会高频、高中频、中低频、低频的增益变化对音乐表现力的影响。图 4-15 所示为将四段均衡器按钮分别提升 20dB。

六、知识拓展

制作的音频作品最终需要通过耳机或者音箱放音试听。通过耳机听音，没有反射声，不

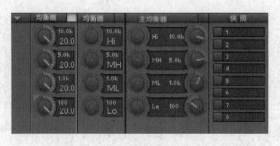

图 4-15　调音台四段均衡器分别提升 20dB

存在听音环境问题,但如果使用音箱放音,效果与音箱周围的放音环境有关。这是因为除了有从音箱传入人耳的直达声以外,还存在经过外部环境的墙壁、天花板等反射后传入耳朵的反射声,这些反射声有的反射强,有的被衣服、头发、窗帘等吸收后逐渐变弱,有的吸收高频较多,有的吸收低频较多,这样就导致在不同的环境下混响时间与频率特性不同。这些因素的存在,都会极大地影响整体听音效果。有的人花费巨资购进音响设备,但听起来效果却不佳,甚至比不上一些廉价的设备,其主要原因就是听音环境声学特性的差异,尤其是混响时间存在着设备与环境不匹配的问题。因此,改善听音环境是提高音响放音质量的重要手段之一,世界上许多音乐厅,比如著名的三大音乐厅——阿姆斯特丹皇家音乐厅、波士顿交响音乐厅、维也纳音乐厅,它们都具有非常经典的声学设计。

实验三　使用典型效果器插件编辑音频素材

一、实验目的

- 掌握均衡器的常用功能及使用均衡器插件编辑音频素材的方法。
- 掌握压限器的功能与使用压限器插件编辑音频素材的方法。
- 掌握激励器的功能以及使用激励器插件编辑音频素材的方法。
- 了解混响器的原理及功能,并学会使用混响器编辑音频素材。

二、实验环境

- 硬件要求:微处理器 Intel 奔腾 4,内存 1GB 以上,声卡、监听耳机或监听音箱。
- 运行环境:Windows 7/8。
- 应用软件:Samplitude Pro X、均衡器插件 Ultrafunk fxEqualizer R3、压限器插件 Ultrafunk fxCompressor R3、激励器插件 BBE Sonic Maximizer 及混响器插件 TC Native Plus。

三、实验内容

（一）使用 Ultrafunk fxEqualizer R3 均衡器插件编辑音频素材。
（二）使用 Ultrafunk fx Compressor R3 压限器插件编辑音频素材。
（三）使用 BBE Sonic Maximizer 激励器插件编辑音频素材。
（四）使用 Native Plus 混响效果器插件编辑音频素材。

四、预备知识

音频后期制作中经常使用的效果器种类繁多,归纳起来主要有频率类效果器(包括滤波器、频率均衡器、频谱分析仪)、空间类效果器(包括混响效果器、延迟效果器、声场控制类效果器)、动态类效果器(包括单段动态效果器、多段动态效果器、门效果器、限制器、激励器)、降噪类效果器(包括动态降噪器、滤波降噪器、去波降噪器、采样降噪器)、声码器、音高修正器、合唱效果器、镶边效果器、移相效果器、失真效果器及调制器等。种类繁多的效果器对音频有着不同的处理效果。

本实验将介绍几种常用效果器的调节方法。

(一) 均衡器原理

均衡器简称为EQ,是一种用来修正频响曲线的设备。它实质上是一个具有多个中心频点的滤波器件。在音频信号放大传输的过程中,由于设备的非线性原因,整个频段不可能均匀地传输,有的频点过量,而有的频点不足,进而使得输出频率曲线凹凸不平,导致音质变坏。使用均衡器,可以将放大传输过程中不均匀的频率曲线调节为相反、对称的曲线进行"抵消",以补偿不足,并可在此基础上加工音色,以美化或者产生特殊音效。换句话说,均衡器既能补偿欠缺的频率成分,也能抑制过多的频率成分。比如,当声音中产生低频交流声时,可衰减均衡器50~250Hz频段的频点进行抑制;同样,高频噪声可抑制6~12kHz频段的频率。

均衡器主要有如下几个作用。

- 校正各种音频设备产生的频率失真,以获得平坦响应。
- 改善厅堂内声场,修正由于房间共振特性或吸声特性的不均匀而造成的频率传输失真,修正其频率特性。
- 在音响扩声工程中,可用来抑制声反馈,提高系统增益,改善音质。
- 提高语言清晰度和自然度。
- 在音响艺术创作中,可用来刻画乐器和演员的音色个性,提高艺术表现力。

均衡器虽然种类较多,但其工作原理基本相同,即将全频带(20Hz~20kHz)音频信号或全频带音频信号的主要部分划分为几个甚至几十个中心频点,然后再利用电子电路的选频特性或者程序算法获得调节频点和Q值(品质因数),校正频率曲线,补偿设备和声场缺陷。

实际上,均衡器的频段分得越细,调节的峰就会越尖锐,Q值越高,调节时补偿得越细致;反之,频段分得越粗,则调节的峰就会越宽。一般调音台上的均衡器仅能对高频、中频和低频三段频率电信号进行调节,作用有限。而均衡器插件的功能更加强大,其中心频点、Q值、提升衰减量、输入输出电平等多种参数均可任意调节。

硬件均衡器中心频点的设置以倍频程的关系存在,常见的有1/3倍频程、2/3倍频程、1/2倍频程等,声学测量中还常用到1/6倍频程。国际上,按照1/3倍频程,将可闻声(20Hz~20kHz)划分为31个频点,均衡器称为31段均衡器,频点依次为20Hz、25Hz、32Hz、40Hz、50Hz、63Hz、80Hz、100Hz、125Hz、160Hz、200Hz、250Hz、315Hz、400Hz、500Hz、630Hz、800Hz、1kHz、1.25kHz、1.6kHz、2kHz、2.5kHz、3.15kHz、4kHz、5kHz、6.3kHz、8kHz、10kHz、12.5kHz、16kHz及20kHz共31个频点。均衡器各参数的调节对音频作品的音质

非常重要,需要在不断实践中积累经验。

(二)压限器

压限器是压缩器与限幅器的简称,它与扩展器、噪声门、降噪器等均属于信号幅度处理设备,由输入信号电平大小的不同决定工作状态。

压缩器是一种随着输入信号电平增大而本身增益自动减小的设备,限幅器是输出信号到达设定电平以后,无论输入电平再如何增加,"限制"其最大输出电平在预先设定的范围内总是保持恒定的设备。通常,压缩器与限制器多是合在一起使用,有压缩功能的同时也具备限制功能。比如,以演唱者的嗓音作为音源,嗓子发出声压有限,但在麦克风与口腔的距离变化或者乐曲旋律有起伏时,麦克风拾取到的信号电平变化非常剧烈,距离远时,信号电平低,输出声音较小;当距离近时,信号大,甚至出现过载。压限器能够改善这一现象,当输入信号电平较低时,其自动提升输出信号电平,使音量加大;当信号电平较高时,自动压缩输出电平,使音量减小,这样处理后输出电平相对平稳,减少了电平忽高忽低的现象,扩展了声音的动态范围,也加大了声音的响度,使人耳听起来更加舒服。在音响扩声工程中,压限器还可以用来保护功放和扬声器设备。因此,压限器在现代音频和音响工程中,是一种非常重要的设备。但是压缩器并非万能,不合理的使用,或者参数设置不合理,都会使音域变窄,使声音发虚。

压限器有阈值、压缩比例、启动时间和恢复时间四个关键参数。这四个参数值设置不同,会使声音发生不同的变化。

1. 阈值和压缩比例

阈值也称为压缩门限,是压缩器启动压缩处理的电平值,即压缩器开始压缩的"门槛",若低于这个"门槛",压缩器将不压缩信号;反之,开始压缩。

压缩比例用于描述对超过设定压缩门限的信号压缩能力的大小,它等于压缩器输入信号的动态范围(即最大值与最小值的差)与输出信号的动态范围之比。比如,输入信号电平的动态范围是 60dB,输出信号电平的动态范围是 30dB,则压缩比例即为 2∶1。压缩器的压缩比例可以在 1∶1～∞∶1 范围内任意调节。当压缩比例为 1∶1 时,表明对信号没有压缩;当压缩比例为 ∞∶1 时,表示无论在输入端输入多大信号,输出信号的动态均为零,输出幅度被限制,如图 4-16 中 E、A、B 三点连线的 AB 段所示。实际上,该状态已演变为另一种功能设备,即限幅器(或称为限制器)。

图 4-16 中,横坐标表示输入信号电平,纵坐标表示输出信号电平,A 点为压缩器开始工作的门限电平,此处电平值(阈值)设置为 −20dB,即当输入信号低于该值时,压缩器并不压缩信号;当输入信号高于该值时,压缩器开始工作,并按 2∶1 的比例开始压缩输入信号,如图 4-16 中 E、A、C 连线中 AC 段。

2. 启动时间和恢复时间

启动时间是输入信号超过设定的阈值后,压缩器由不压缩状态切换到压缩状态的时间,该值一般为零点几毫秒至几百毫秒连续可调。

图 4-16 中的 A 点为不压缩状态与压缩状态的"拐点",即阈值,输入信号没有达到设定阈值时,输入输出是 1∶1 关系;当输入信号达到 A 点阈值时,立即按 2∶1 比例压缩,若没有"过渡",声音听感上将会很突兀,类似于猛然关闭音乐的效果,人耳会感觉不舒服。因此在 A 点,压缩比例由 1∶1 到 2∶1 的变化应是缓慢的过程,即 A 点应有"弧度",该过渡时间

即为压缩器启动时间。在实践中,若启动时间设置较短,输入信号一旦达到阈值立即进入压缩状态,声音就会变软,表现为缺乏明亮度与力度,影响最严重的是声音音头部分。若启动时间设置较长,输入信号超过阈值后,一段时间间隔后再进入压缩状态,使得峰值信号到来时,本该压缩的信号到后面的时间才开始压缩,声音就会出现"前冲"现象,声音变硬,听起来将会不自然。所以,启动时间的长短,应根据实际情况灵活调整。

恢复时间是当输入信号小于阈值时,从压缩状态恢复到不压缩状态所需要的时间,是压缩器启动的逆过程,一般在几十毫秒到几秒连续可调。同样,该参数也要根据实际情况确定,若时间过短会出现忽强忽弱、时断时续的"喘息效应";时间过长,则会出现声音浑浊的现象。

与压缩器刚好相反,当超过设定的阈值时,按照设定的比例放大,如图 4-16 中 E、A、D 三点连线 AD 段所示,即为扩展器效果。

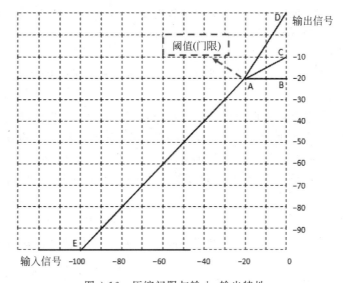

图 4-16　压缩门限与输入、输出特性

（三）激励器

激励器又称为听觉激励器或声音激励器,是 20 世纪中期由美国 Aphex Systems 公司发明的声音处理设备。在激励器被发明之前,尽管音频处理设备的各项技术指标均已达到较高的水平,频率均衡调节也较完美,但人们从扬声器中听到的声音仍然缺乏临场感和清澈感。经过进一步研究发现,并不是声音处理设备的保真度越高,声音就越优美,相反,人耳很喜欢听某些失真的声音,只不过人耳喜欢听的是失真谐波中的偶次波成分,而奇次波听起来则刺耳、生硬。激励器就是基于这个原理发明的。现实中,经电子管放大的声音音质甜美、迷人,这是因为电子管可产生大量人耳爱听的偶次谐波。因此,激励器实质上是一种利用人耳心理声学特性的谐波发生器,它可以对声音信号进行修饰和美化。在现代音响工程中,激励器是一种重要的设备,可以明显改善声音的清晰度、可懂性和表现力。

（四）混响器

在录音棚、演播室等场所录播时,室内的混响时间一般很短,若仅仅依靠室内环境的固有混响时间而不加处理,声音听起来会不够丰满。为了改善这种状况,可以使用数字混响效果器模拟真实环境下的混响特征。

效果器参数中,直达声部分即为干声输出,决定着声音的清晰度。紧随其后的为一次反射声、二次反射声和少数的三次反射声。特别能够反映空间感、声音宏亮感的声音为早期反射声,后面经多次反射陆续到达的、强度逐渐衰减的连绵不绝的声音统称为混响声。调节相关参数可以模拟出不同的空间环境,效果器中常用的参数如下所述。

1. 衰减时间

衰减时间即整个混响的总时长。衰减时间长,则空间感强,显得空旷;反之,衰减时间短,则空间狭小,声音不活泼。若空间的表面光滑平整,则衰减时间较长,反之则较短。一般情况下,大厅比办公室的混响时间长;无家具的房间比有家具的房间混响时间长;荒野山谷比森林山谷的混响时间长。

2. 早期反射的延迟时间

即直达声与早期反射声的时间间隔。该参数越大,则空间感越大,反之越小。将早期反射的延迟时间设置大些,就会体现宽大空旷的空间感。

3. 早期反射音量

即早期反射的声音大小。多数效果器可以独立调节早期反射和后面的混响声音大小。

4. 散射度

散射度又称为早期反射的散射度。早期反射声是一组人耳能明显识别的反射声,该反射声的相互接近程度大小称为散射度。反射面越粗糙(比如铺有地毯的空间),声音的散射度就越大,相互之间就越接近,混响声听起来就连成一片,声音也较温和;反射面越光滑(比如镜面),声音的散射度就越小,相互之间隔得越开,混响声接近回声,反射声听起来也会较清晰。

5. 空间广度

空间广度即为反射空间的大小。设置空间广度越大,则混响量越多,反之越少。

6. 混响密度

该参数含义与散射度类似,只是针对早期反射之后的混响部分。多数效果器并不提供混响密度参数,而使用散射度来调节整个混响。

7. 混响音量

即混响效果声的大小。该数值与空间大小无关,而与空间内杂物的多少以及墙壁物体的材质有关。墙壁及室内物体的表面材质越松软、越不光滑,混响音量就越小;反之越大。

8. 立体声宽度

立体声宽度即可设置声场拓展值。该值越大,声场就越宽,立体声感就会越强;反之,值越小,声场就越窄。

9. 声场对称值

可调节左右声道的平衡。

10. 声场旋转控制

控制整个声场在声向位置的偏移。

11. 延迟

当反射声超过 50ms 时,反射声的听感为回声,也即声音的延迟;而反射声小于 50ms 时,听感即为混响。

12. 衰减程度

该参数可设置各种频率的衰减幅度。声音传播中,高频成分容易大幅度衰减,空间内物体越多,物体和墙壁表面越粗糙,高频的衰减幅度就越大。

13. 高低频截止

调节此参数,可改变混响声的"冷"、"暖"感觉。

14. 衰减形状

可设置混响按照什么形状衰减,比如门式混响、反转混响,用以营造出特别声音。

五、实验步骤与指导

(一)均衡器调节。

本例考查 Ultrafunk fxEqualizer R3 插件的用法。

(1)启动 Sam,在音轨中导入素材中的"致青春.mp3",然后调出【调音台】面板。

(2)在【插件】下拉列表级联列表中选择 Ultrafunk fxEqualizer R3,如图 4-17 所示,在推子前插入均衡器。

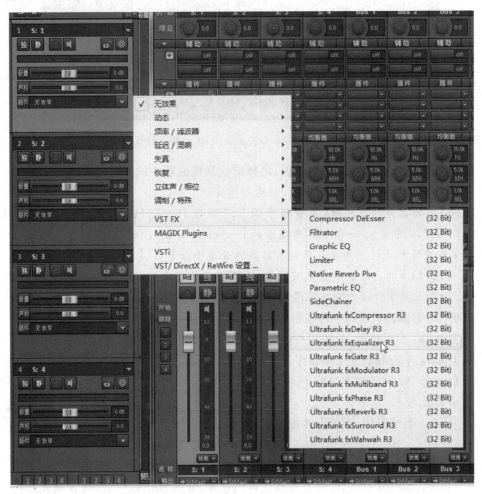

图 4-17　插入插件

（3）右击插入的 Ultrafunk fxEqualizer R3 均衡器，弹出均衡器参数调节窗口，如图 4-18 所示。

图 4-18　Ultrafunk fxEqualizer R3 均衡器调节窗口

（4）在【Band 1】选项中，设置 Q 值，将频谱检测仪面板中的序号①向上、下、左、右方向拖曳，倾听声音，并单击【Bypass】按钮，对比音色变化。

注意：均衡器共六个波段，正常频率调节范围为 16～60Hz（超低音）、60～250Hz（低音）、250～2kHz（中音）、2～4kHz（中高音）、4～6kHz（高音）、6～16kHz（特高音）。认真细致地调节各波段参数对于美化人声和乐器声的音质十分重要。

（5）按照相同的方法调节其他波段，对比调节音色变化。

（6）分别改变 Filter 列的滤波模式，重复第 4 步操作，对比音色变化。

说明：均衡器调节窗口中各按钮的功能如下。

- Bypass：信号旁通，此按钮按下时，信号将直接绕过均衡器，均衡器不起作用。
- Undo：单击取消上一步操作。
- 【Setup A：对已调节过的不同参数分别保存为 A 和 B，对 A、B 两种参数状态下的声音作比较。
- Reset：复位按钮，当单击此按钮时，所有设置将恢复到初始状态。
- Presets：预置参数选择，单击此按钮，可载入系统预置的参数。
- Band：波段开关，按下则关闭该波段，弹出打开该波段。
- Filter：滤波器类型，内置五种模式可供选择，分别为 Peak/Dip（峰值模式）、shelving low（低滤波截频模式，即低于 shelving low 设置频率能被处理）、shelving high（高滤波截频模式,即高于 shelving low 设置频率能被处理)、Lowpass(低通模式)及 Highpass(高通模式)。

- Freq:滤波器中心频率设置,可在文本框中填写数值,也可按住鼠标左键左右拖曳或者在频谱仪分析面板中按住数字序号左右拖曳。
- Q 值:设置滤波器 Q 值品质因数(调节范围 0.1~100),可直接填写数值或按住鼠标左键左右拖曳调节。
- Flat:若对设置的参数不满意,可单击此按钮拉平曲线。
- Gain:频段增益调节,方法同于频率设置。
- Output:均衡器输出电平设置。

(二)调节压限器。

本例考查 Ultrafunk fxCompressor R3 插件的使用方法。

(1)启动 Sam,在音轨中导入素材中的"致青春.mp3",然后调出【调音台】面板。

(2)单击音频素材所在音轨的【插件】按钮,在弹出的对话框中单击【添加插件】按钮,添加 Ultrafunk fxCompressor R3 插件,系统同时自动弹出参数设置界面,如图 4-19 和图 4-20 所示。

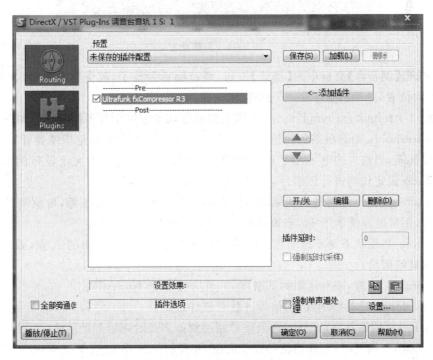

图 4-19　效果器排序

(3)选中 Ultrafunk fxCompressor R3,单击窗口右侧的上下按钮,使插件移至 Post(推子后)下方。

(4)在插件调节窗口中设置 Threshold、Ratio、Knee 值分别为−30.0dB、7.0∶1、0dB,如图 4-20 所示。

说明:为了使音频对比明显,此处参数设置较为极端,在实际使用中不能如此设置。

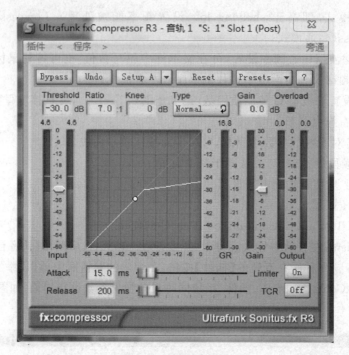

图 4-20　参数设置

（5）单击【调音台】面板中的【播放】按钮，调节调音台推子，改变输入电平大小，观察小圆点的运动位置，并单击 Bypass(直通)按钮对比声音的变化。

说明：Ultrafunk fxCompressor R3 压限器插件调节窗口中常用按钮功能如下。

- Threshold：动态压缩器阈值，取值范围为 0～60。该参数设定压缩器开始压缩的门限数值，当输入的电平小于设定的值时，压缩器不工作；当大于设定的值时，按照 Ratio 设定比例进行压缩。
- Ratio：设定压缩器进入压缩状态后遵循多大的比例对信号压缩，取值范围为 0.4～30，正常时该值大于 1。当该值小于 1 时，压限器变成扩展器。
- Knee：压缩状态与不压缩状态的过渡界点，等同于图 4-16 中的 A 点，数值越大，角度就越圆滑。
- Normal：线型，表示压限的圆滑度，一般选择常规(Normal)。
- Overload：过载指示灯，当信号过载时该灯点亮。
- Attack：压缩器启动时间，即当信号超过阈值多长时间后开始压缩(单位为 ms)。
- Release：恢复时间，即当信号低于阈值，多长时间释放压缩(单位为 ms)。
- Limiter：限制器，限制信号不超过 0dB。
- TCR：自缓冲按钮，确定启动时间、恢复时间是否由压限器自动设置，通常为 off。

（三）激励器调节。

本例考查 BBE Sonic Maximizer 激励器插件的用法。

（1）启动 Sam，在音轨中导入素材"致青春. mp3"，并调出【调音台】面板。

（2）单击【调音台】面板中的【插件】按钮，在弹出的对话框中单击【添加插件】按钮，添加 BBE Sonic Maximizer 插件，如图 4-21 所示。

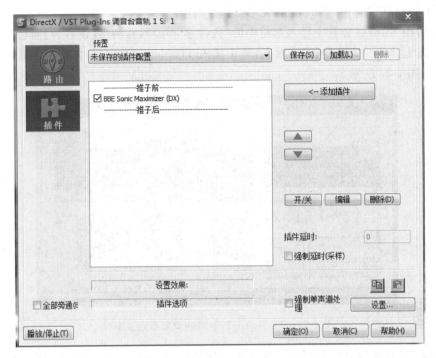

图 4-21　效果器排序

（3）右击调音台插件图标下方的 BBE Sonic 选项，弹出激励器调节窗口，如图 4-22 所示。

图 4-22　激励器（BBE Sonic Maximizer）调节窗口

（4）单击【播放】按钮开始放音，分别调节 LO CONTOUR、PROCESS 旋钮，倾听音效，使声音更清澈、更富有磁性，直到满意为止；按下左边的红色按钮，关闭激励器，对比音色。

说明：激励器 BBE Sonic Maximizer 插件调节窗口中各按钮功能如下。

- LO CONTOUR：低音轮廓控制按钮。调节该值，可改变低音的轮廓占总频带的百分比，值越大则低音越强，但中音和细节会有些许丢失。
- PROCESS：激励程度旋钮。
- OUTPUT LEVEL：输出电平旋钮。
- CLIP 削波指示灯，红灯点亮时，说明信号过载，产生削幅失真，正常状态应灭。

（四）混响效果器调节。

本例考查 TC Native Plus 混响效果器插件的用法。

（1）启动 Sam，在音轨中导入素材中的"致青春.mp3"，并调出【调音台】面板。

（2）按上述实验方法在【调音台】音轨中插入 TC Native Plus 混响效果器插件并打开调节窗口，如图 4-23 所示。

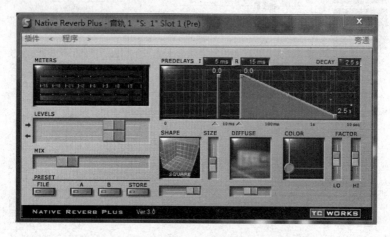

图 4-23　TC Native Plus 混响效果器调节窗口

（3）单击【播放】按钮，分别调节各参数，仔细倾听混响效果，直至满意为止。

说明：TC Native Plus 效果器调节窗口各按钮功能如下。

- METERS：电平显示表，分上下两层，上层为输入电平，下层为输出电平，显示效果器输入输出信号的电平大小。

- LEVELS：效果器输入、输出音量控制器，上面为输入调节，下面为输出调节，可分别调节效果器输入输出信号的音量大小。

- MIX：干声湿声比例调节。推子向左为增加干声减少湿声，推子向右则增加湿声减少干声。TC Native Plus 作为插入效果器时其值一般设置在 50% 以下，作为发送效果器时通常设置在 100% 左右。

- PRESET：效果预设设置。FILE 为文件菜单，可选择、加载或保存一个预设效果参数；A、B 可进行两种效果对比；STORE 保存当前参数设置。

- PREDELAYS：左边设置提前延迟时间，右边设置混响开始发生时间。

- SHAPE：模拟空间形状、空间大小。调节推子，参数发生相应改变，产生声音在不同空间环境下的听觉效果。

- SIZE：调节空间大小。

- DIFFUSE：调节声音的漫射程度。调节推子，可改变空间模糊感，决定混响的活泼程度。

- COLOR：调节混响的色彩，也即调节混响密度。

- FACTOR：混响滤波设置。LO 用来调节混响低频的音量，HI 用来调节混响高频的音量。

需要注意的是，在商业化音频后期制作中，通常不是对整段音频素材添加混响，而是常常根据需要对个别句子或者个别词添加混响，这种处理方式常用效果自动化手段来实现。

实验四　降噪、闪避效果器插件与母带处理器的应用

一、实验目的

- 了解降噪器的功能。
- 掌握使用降噪器插件对音频素材降噪的操作方法。
- 了解闪避处理的功能。
- 熟练掌握使用闪避处理插件编辑音频素材的方法。
- 了解母带处理的原理及其对音频进行混缩处理的方法。

二、实验环境

- 硬件要求：微处理器 Intel 奔腾 4，内存 1GB 以上，声卡、监听耳机或监听音箱。
- 运行环境：Windows 7/8。
- 应用软件：Samplitude ProX、X-Nois 插件、C1 Comp-sc 插件、iZotope Ozone 5 母带处理插件。

三、实验内容

（一）使用 Wave 公司的 X-Nions 降噪插件去除音频中的噪音。

（二）使用 C1 Comp-sc 插件实现人声对音乐的闪避处理。

（三）使用 iZotope Ozone 5 母带处理插件处理音频素材。

四、预备知识

1. 降噪处理

在音响工程中，常常会由于设备本身的底噪声、线路布局不合理以及机械转动等原因而产生噪音，表现为素材伴有高频嗞嗞声、啪啪的噪音或者连绵不断的低频隆隆声，这些都会严重影响听觉效果，因此，必须进行降噪处理。降噪器的功能就是消除本底噪声、电流声等产生的诸多噪音。

传统模拟式磁带等专业录音硬件设备的降噪系统，比如英国的 DOLBY-A 系统、DOLBY-SR 系统，美国的 DBX 系统及 BUR WEN 系统，均通过电路对信号压缩、扩展，并对信号从时间、频率与幅度等方面进行处理，再经过编码记录、解码重放的过程，实现降噪，并拓展声音动态范围。

使用软件插件实现降噪，则应用一定的算法完成，根据工作原理，插件可分为动态降噪器、滤波降噪器和采样降噪器。动态降噪器通过调节某一波段的动态来降低噪声；滤波降噪器通过采用滤波器对特定的波段进行滤波处理，从而降低噪音；而采样降噪器则从最原始的待降噪音频片段中提取噪音特性，插件利用此片段构造噪音的剖面，再利用声音心理学原理与多级选择运算法则来移除噪音。

2. 闪避处理

在混音中，当一种乐器的声音较大，而另一种乐器的声音较小时，较大的声音将掩蔽较

小的声音,声音较小的乐器声音可能听不见。为了避免这种现象的发生,可以采用闪避处理方法。闪避手段的应用场合较多,比如电台播音中主持人说话时背景音乐声自动降低,主持人停止播音时,音乐声的电平又会自动恢复到原先的大小。使用人声可以对自身的混响做闪避处理,例如在歌手出声时自动衰减人声的混响,可以避免由于对人声添加混响而导致的人声声场后移以及降低歌词的可懂度。闪避处理是商业唱片中使用最多的处理方法。

3. 母带处理

母带处理是指音频作品经过各道混音工序之后,从整体上再次进行均衡、压缩、混响等处理过程,使其达到"播出级"的水平。凡是声音制品,一般都需经过母带处理,才能推向市场,比如电影电视、电视和广播中的广告、游戏音乐及音效等。常用的母带处理插件有 IK Multimedia 公司的 T-Racks 插件、Steinberg 公司的 WaveLab 插件、美国 iZotope 公司的 iZotope Ozone 插件等。

五、实验步骤与指导

(一) 使用 X-Niose 插件进行降噪处理。

本例考查在音频中消除噪音的方法。

(1) 启动 Sam,在音轨中导入素材中的"致青春. mp3",然后加载素材中的 X-Noise 降噪器插件。

(2) 使用鼠标拖动素材上的标尺选取片头中的一段声音(时长大于 100ms)作为噪音样本,如图 4-24 所示。

图 4-24　X-Noise 降噪器噪声采样

（3）播放素材，单击降噪插件调节窗口中的 Learn 按钮，按钮开始闪烁，表示效果器对噪音进行采样，再次单击 Learn 按钮结束采样。

（4）采样后的噪音频谱如图 4-25 所示。

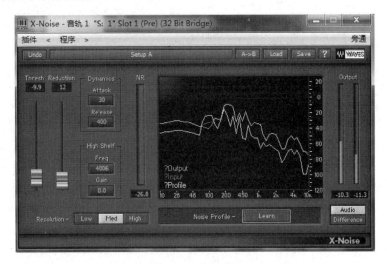

图 4-25　噪音频谱

说明：X-Noise 效果器调节窗口中有三条谱线，红色表示输入信号；白色表示提取的噪音频率样本；黄色表示输出信号。

（5）单击【调音台】面板中的【播放】按钮完整地播放音频素材，系统开始自动消除噪音，调节 Thresh、Reduction 值，设置降噪参数。

（6）单击 Audio 按钮监听降噪处理后的声音效果。

（7）单击 Reduction 按钮，监听被去除的噪音。

（8）选择【文件】→【导出】，将去除噪音后的音频输出保存。

说明：X-Niose 降噪插件调节窗口中各按钮的功能如下。

- Thresh：噪音采样样本阈值。该值的范围为 −20～50dB，默认值为 0。
- Reduction：噪音衰减总量。该值越高，噪音去除就越干净，但对原音的破坏也就越大。
- Dynamics：噪声去除动态时间。
- Attack：从探测到噪音到衰减处理的冲击时间间隔，范围为 0～1.000（秒），默认为 0.03（秒）。
- Release：噪音被处理后的恢复时间，范围为 0～10.000（秒），默认值为 0.400（秒）。
- High Shelf：修整噪声样本的高频部分。
- Freq：修整的频率点，范围为 700Hz～20kHz，默认值为 4006（Hz）。
- Gain：修整频段的增益量。范围为 −30～30dB，默认值为 0。
- Resolution：降噪器分析引擎精度（分辨率）。该值有高（High）、中（Med）、低（Low）三档可选，精度设置越高，音质越好，但占用系统资源就会越多。

（二）闪避处理设置。

本例考查当音频中出现人声覆盖音乐声时闪避的操作方法。

（1）启动 Sam，新建虚拟项目，参数设置如图 4-26 所示，音轨名称分别为 S1、S2、S3、S4、Bus1、Bus2、AUX1。此时打开【调音台】面板即可看到所有音轨。

图 4-26　新建项目

（2）分别在音轨 S1 和 S4 中导入素材中的"致青春.mp3"，激活【调音台】面板，并分别编组到 Bus1 和 Bus2，如图 4-27 所示；然后将 S1 音轨声像 PAN 旋钮调到左边、S2 音轨声像 PAN 旋钮调到右边、S3 音轨声像 PAN 旋钮调到左边、S4 音轨声像 PAN 旋钮调到右边，如图 4-28 所示。

图 4-27　编组到 Bus1 和 Bus2

（3）在【调音台】面板中单击 S1 音轨【辅助】选项下侧的【Off】按钮，此时【Off】按钮下出现一个红色标记，使用鼠标拖动该标记到 2.0dB 附近，如图 4-29 所示，即为将 S1 音轨中的音量发送到 AUX1；然后依次对 S2、S3 和 S4 音轨做相同操作。

（4）在音轨 S2 和 S3 中分别导入素材中的"雁南飞.mp3"，使四条音轨中的音频块在开始时间对齐，如图 4-30 所示。

图 4-28　调节声像旋钮

图 4-29　辅助发送

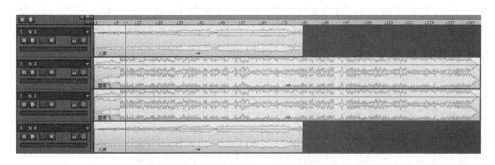

图 4-30　四条音轨在开始处对齐

（5）在 Bus1 和 Bus2 音轨中分别插入 C1 comp-sc 效果器。然后在 Bus1 的效果器中将 Key mode 设置为 L－＞R，Bus2 音轨中设置为 R－＞L，其他参数设置相同，如图 4-31 所示。

（6）调节 C1 comp-sc 效果器参数，监听声音输出，最后将音频输出保存。

说明：闪避处理器的原理与压限器类似。key mode 下拉列表中共有三种模式 stereo、L－＞R 与 R－＞L。闪避处理中用到的为 L－＞R，即使用左声道的信号压缩右声道的信

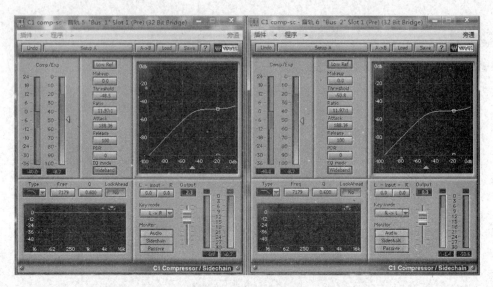

图 4-31　闪避效果器参数设置

号,左声道不发音,右声道音量按设置的压缩比缩小;R—>L 模式则刚好相反。注意,这里是左、右声道之间的压缩,而不是音轨之间的压缩。

(三) 母带处理。

本例考查 iZotope Ozone 5 母带处理插件的使用方法。

(1) 启动 Sam,新建 2 条音轨 S1 和 S2。

(2) 在音轨 S1 中导入素材中的"致青春_清唱.mp3",在音轨 S2 中导入素材中的"致青春_伴奏.mp3"。

(3) 在【调音台】主控单元的【主插件】插入 iZotope Ozone 5,右击打开 iZotope Ozone 5 编辑窗口。

(4) 进行均衡处理:单击【播放】按钮,再单击【开关】按钮,激活 EQ,点亮 EQ 显示屏,按住圆点上下拖动,改变增益;按住中括号左右拖动,则改变该频点 Q 值;仔细调节各频段,倾听声音,均衡器 EQ 模块设置如图 4-32 所示。

(5) 混响处理:播放素材,并激活混响器,调节各参数,倾听输出,混响模块设置如图 4-33 所示。

(6) 激励处理:播放素材,激活多频段激励器,显示屏将音频为四段,分别激励处理;左右拖曳交叉线,改变频率波段,单击 S 按钮,分别监听单波段激励处理效果;调节其他参数,倾听声音处理效果;多频带谐波激励器模块设置如图 4-34 所示。

注意:对于 200Hz 以下及 8kHz 以上的频段,激励程度不可过大,以避免声音整体发浑、声音毛躁。

(7) 动态处理:播放素材,激活动态处理器,模块将整个声音频段分成四段,分别进行动态处理,并以不同的颜色显示,参数与调节方法与压限器相同,动态处理器模块设置如图 4-35 所示。

(8) 立体声扩展:立体声扩展模块亦将整个声音频段分成四个波段,分别进行声场展宽处理,如图 4-36 所示。

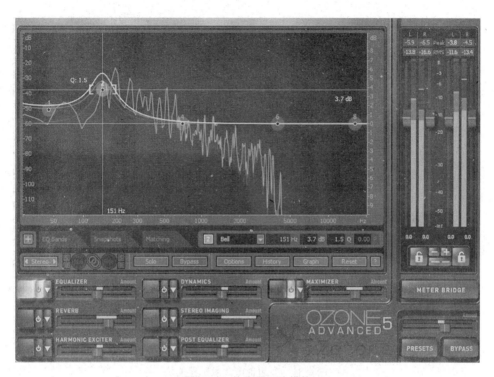

图 4-32　均衡器 EQ 模块

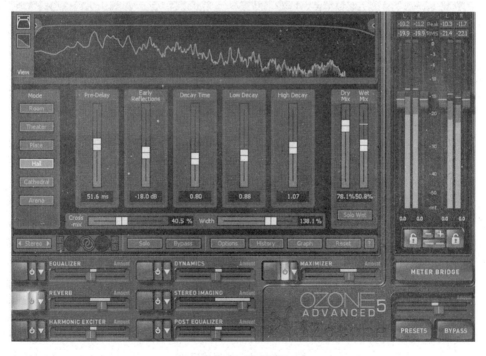

图 4-33　混响模块

（9）POST 均衡器设置：利用 POST 均衡器对信号再修饰，但幅度、力度调节较大，效率也较高，如图 4-37 所示。

图 4-34　多频带谐波激励器模块

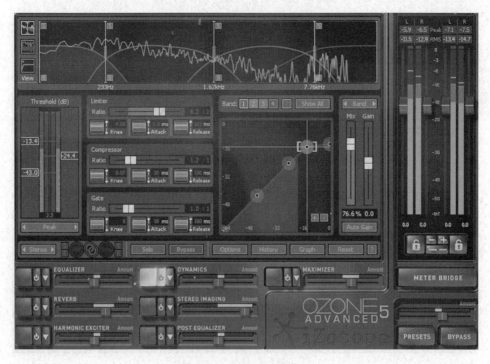

图 4-35　动态处理器模块

（10）音量最大化及抖动处理：音量最大化即电平标准化，对母带处理音频电平进行整体限制；抖动处理对不同采样精度转换时产生的音频损失进行修正，如图 4-38 所示。

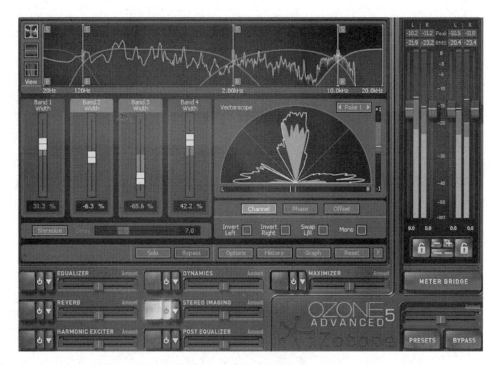

图 4-36　立体声扩展模块

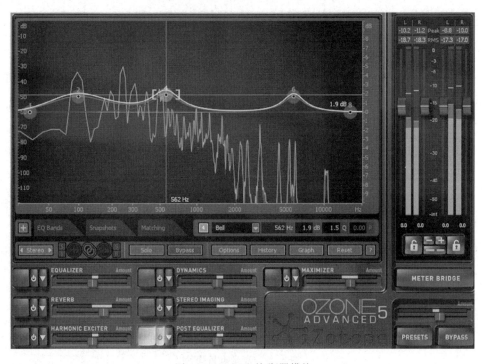

图 4-37　POST 均衡器模块

(11) 测量电桥：单击 METER BRIDGE 按钮，弹出测量电桥面板，查看多个模块的运行状况，如图 4-39 所示。

第 4 章

音频编辑

图 4-38　音量最大化、抖动处理模块

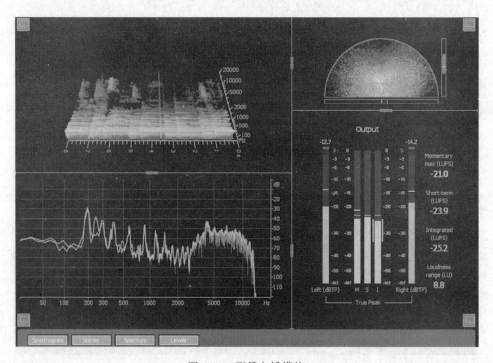

图 4-39　测量电桥模块

（12）经上述各模块分别处理后，激活各模块开关，再激活 MAXIMIZER（最大化）模块进行整体调整，倾听声音，如图 4-40 所示。

图 4-40　最大化处理模块

（13）母带处理完成，保存文件并输出。

第5章 视频编辑与处理

本章相关知识

Premiere 是一款常用的视频编辑软件,由 Adobe 公司推出。它是视频编辑爱好者和专业人士必选的视频编辑工具之一,是一种易学、高效、精确的视频剪辑软件。Premiere 提供了采集、剪辑、调色、美化音频、字幕添加、输出、DVD 刻录等一整套流程,并可与 Adobe 其他软件高效集成,使用户足以完成在编辑、制作等流程中遇到的所有挑战,满足用户创建高质量作品的需求。学习使用 Premiere,需要弄清以下几个概念。

1. 像素和分辨率

像素是构成图像的基本元素;分辨率指单位线性尺寸图像包含的像素数目,单位为像素/英寸。

2. 帧尺寸

帧尺寸指一帧的像素点数量。比如,标清电视(SDTV)的帧尺寸为 720×576 像素;高清电视(HDTV)的帧尺寸为 1920×1080 像素;高清 DV(HDTV)的帧尺寸为 1440×960 像素。

3. 帧速率

帧速率指视频每秒钟包含的帧数。PAL 制式的影片帧速率为 25 帧/秒;NTSC 制式的影片帧速率为 29.97 帧/秒;电影的帧速率为 24 帧/秒;二维动画的帧速率为 12 帧/秒。

4. 制式

制式指传送电视信号所采用的技术标准。澳大利亚、法国和亚洲大部分国家采用 PAL制式,其具体参数指标包括帧尺寸(720×576)、帧速率(25 帧/秒)、画面宽高比(4∶3)、音频速率(48 000 Hz)。而美国、日本等国家采用 NTSC 制式,其具体参数指标包括帧尺寸(720×576)、帧速率(29.97 帧/秒)、画面宽高比(4∶3)、音频速率(48 000 Hz)。

实验一 视频编辑入门

一、实验目的

- 熟悉 Premiere CS4 的工作界面。
- 熟练掌握工具箱中常用工具的使用方法和操作技巧。
- 掌握【项目】面板、【时间线】面板和【监视器】面板的相关操作。
- 了解视频剪辑中三点四点编辑的含义。
- 了解运用蓝屏键特效实现抠像的具体操作方法。

二、实验环境

- 硬件要求：微处理器 Intel Core 2，内存 1GB 以上。
- 运行环境：Windows 7/8。
- 应用软件：Premiere CS4。

三、实验内容与要求

（一）制作快镜头、镜头倒放等镜头特效。

（二）实现源素材的插入与覆盖操作。

（三）设置关键帧实现文字依次排出的效果。

四、实验步骤与指导

（一）制作镜头特效。

本例考查电影中快镜头、慢镜头和镜头倒放的制作方法。

（1）启动 Premiere，在弹出的【新建项目】对话框中指定文件存储路径与文件名，如图 5-1 所示；确定后在弹出的【新建序列】对话框中设置视频格式，如图 5-2 所示。

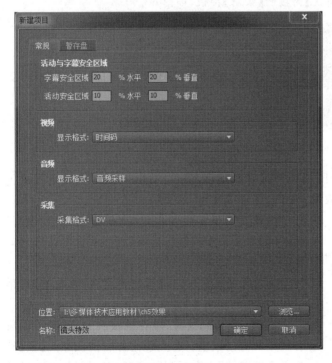

图 5-1　新建项目

图 5-2　设置视频格式

（2）选择【文件】→【导入】命令，将素材中的大话西游影视文件导入，从窗口左侧的【项目】面板中选中该文件，拖入【时间线】面板的【视频 1】轨道中；在窗口右上侧的【源素材监视器】面板中单击【播放/停止】按钮进行视频的预览。

（3）选择工具箱中的【剃刀工具】，在【视频 1】轨道中将素材分割为四段，如图 5-3 所示。

视频编辑与处理

图 5-3　将素材分为四个片段

　　（4）使用工具箱中的【选择工具】选定第二段视频，右击，选择【速度/持续时间】命令，在弹出的对话框中设置速度为 300%，形成快镜头。确定后，第二段视频形成快播效果。【时间线】面板中第二段素材变短，使用【选择工具】将第三、四段视频向前移动一段距离。

　　注意：移动时首先要选定【时间线】面板的【吸附】按钮，如图 5-4 所示。

图 5-4　【时间线】面板

　　（5）使用【选择工具】选定第三段视频，在【素材速度/持续时间】对话框中设置速度为50%，使此段视频即形成慢播放的效果。

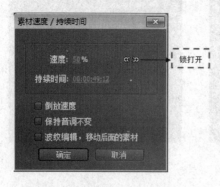

图 5-5　【素材速度/持续时间】对话框

　　说明：当制作慢动作时，如果将【素材速度/持续时间】对话框中的链接锁解除，则素材的持续时间不变，否则就会做相应的调整，如图 5-5 所示。

　　（6）选定第四段，在【素材速度/持续时间】对话框中勾选【倒放速度】复选框，形成镜头的倒放效果。

　　说明：镜头倒放时，声音也被倒放，此时可以将音视频的链接取消。首先选中并右击视频，选择【解除视音频链接】命令后删除音频，即可制作无声的镜头倒放效果。

　　（7）激活【时间线】面板，选择【文件】→【导出】→【媒体】命令，在弹出的【导出设置】对话框中选择视频格式和导出路径，如图 5-6 所示；确定后在弹出的【媒体编码器】对话框中单击【开始队列】按钮即可将制作的文件导出为 avi 等视频格式。

图 5-6　设置导出视频的参数

（二）源素材的插入与覆盖。

本例考查影片中三点编辑和四点编辑的相关操作。

（1）新建项目，指定存储路径后设置【序列预置】为 DV-PAL 标准 48kHz。

（2）选择【文件】→【导入】命令，将素材中的大气球影视文件导入并拖动到【时间线】面板的【视频 1】轨道中；然后在【项目】面板中双击该文件，将其在【源素材监视器】面板中打开，如图 5-7 所示。

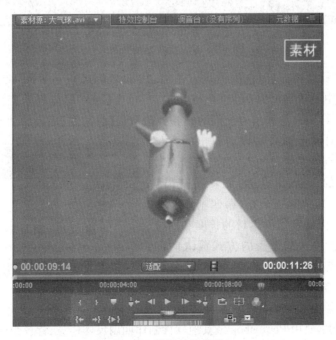

图 5-7　源素材监视器

（3）在【源素材监视器】面板中设置当前时间为 00：00：05：22，单击【设置入点】按钮，添加一处入点，如图 5-8 所示。

（4）将当前时间修改为 00：00：07：24，单击【设置出点】按钮，添加一处出点，如图 5-9 所示。

（5）回到【时间线】面板中，设置当前时间为 00：00：02：06，单击【源素材监视器】面板中

图 5-8　设置入点

图 5-9　设置出点

的【插入】按钮，将入点和出点之间的视频片段插入【时间线】面板中，如图 5-10 所示。

图 5-10　插入后的效果

（6）在【源素材监视器】面板中将 00:00:01:10 设置为入点、00:00:02:21 设置为出点；在【时间线】面板中设置当前时间为 00:00:12:02，单击【源素材监视器】面板中的【覆盖】按钮，如图 5-11 所示，用入点和出点之间的视频片段取代【时间线】面板中的原视频片段。

说明：在时间线上插入一段剪辑出的素材时，需要涉及四个点，即素材的入点、出点和在时间上插入或覆盖的入点、出点，如果采用三点剪辑，则需要先确定其中的三个点，第四个点将由软件计算得出，从而确定这段素材的长度和所处的位置，可以选择插入或覆盖的方式放入时间线；如果采用四点剪辑，则需要确定全部四个点，将一段素材剪辑后放入时间线。

图 5-11　插入与覆盖按钮

（三）设置关键帧。

本例考查视频中关键帧的相关操作方法。

（1）准备素材：使用 Photoshop 或其他软件制作四副尺寸任意、背景为蓝色（#0000FF）的文字图片，如图 5-12 所示，将它们分别命名为 1.jpg、2.jpg、3.jpg 和 4.jpg。

图 5-12　素材图片

（2）启动 Premiere，新建项目，指定存储路径后设置【序列预置】为 DV-PAL 标准 48kHz。

（3）依次导入素材中的背景图片和刚才制作的四幅文字图片，将背景图拖入【视频 1】轨道中，设置起点为 00：00：00：00，此时在【监视器】面板未能看到图片全貌；选中背景图片，打开【特效控制台】面板，展开【运动】选项栏，调整缩放比例，如图 5-13 所示；在【时间线】面板中选定背景图片，右击，选择【速度/持续时间】命令，设置其持续时间为 6s。

图 5-13　调整素材尺寸

（4）抠像。

① 在【时间线】面板中设置当前时间为 00：00：01：00，将 1.jpg 拖入【视频 2】轨道，并设置它的持续时间为 5s，如图 5-14 所示。

图 5-14　添加 1.jpg

② 打开【效果】面板，选择【视频特效】→【键控】→【蓝屏键】命令，将其拖到【时间线】面板的 1.jpg 上，此时可以看到在【监视器】面板中 1.jpg 的蓝色背景消失。

③ 在【时间线】面板中设置当前时间为 00：00：02：00，将 2.jpg 拖入【视频 3】轨道，设置其持续时间为 4s，并为其添加【蓝屏键】特效。

④ 选择【序列】→【添加轨道】命令，设置参数如图 5-15 所示，添加两条视频轨道。

⑤ 设置当前时间为 00：00：03：00，将 3.jpg 拖入【视频 4】轨道，设置持续时间为 3s，并为该图片添加【蓝屏键】特效。

⑥ 设置当前时间为 00：00：04：00，将 4.jpg 拖入【视频 5】轨道，设置持续时间为 2s，添加【蓝屏键】特效。此时【时间线】面板如图 5-16 所示。

图 5-15　添加视频轨道

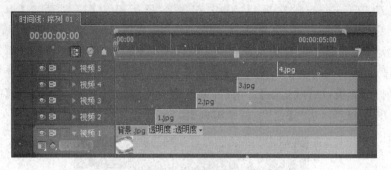

图 5-16 【时间线】面板

（5）打开【特效控制台】面板，展开【运动】选项栏，分别调整 1.jpg、2.jpg、3.jpg、4.jpg 四幅图片的位置，初步效果如图 5-17 所示。

（6）设置素材的透明效果及运动路径。

① 在【时间线】面板中选定 1.jpg，打开【特效控制台】面板，展开【运动】和【透明度】选项栏，调整时间到 00:00:01:00 位置上，在【位置】、【缩放比例】、【透明度】选项中分别单击【切换动画】按钮，为它们添加关键帧，如图 5-18 所示。

图 5-17 初步效果

图 5-18 添加关键帧

② 调整时间到 00:00:02:00 位置上，在以上三个选项中单击【添加/移除关键帧】按钮，继续添加关键帧，如图 5-19 所示。

图 5-19 继续添加关键帧

③ 分别单击【跳转到前一关键帧】按钮,设置时间 00:00:01:00 处的【位置】为(600,300),【缩放比例】为400%,【透明度】为0%。

④ 选中 2.jpg,分别在时间 00:00:02:00、00:00:03:00 的【位置】、【缩放比例】、【旋转】和【透明度】选项中添加关键帧,并设置时间 00:00:02:00 的【位置】为(-70,0),【缩放比例】为0%,【旋转】为-180°、【透明度】为0%,如图 5-20 所示。

图 5-20　设置参数

⑤ 选中 3.jpg,分别在时间 00:00:03:00、00:00:04:00 的【缩放比例】、【旋转】、【透明度】选项中添加关键帧,并设置时间 00:00:03:00 的【缩放比例】为0%,【旋转】为-360°(即-1×0°),【透明度】为0%。

⑥ 选中 4.jpg,分别在时间 00:00:04:00、00:00:05:00 的【位置】、【缩放比例】、【透明度】选项中添加关键帧,并设置时间 00:00:04:00 的【位置】为(-300,0),【缩放比例】为0%,【透明度】为0%。

(7) 导出视频查看效果。

实验二　视频特效

一、实验目的

- 熟悉 Premiere CS4【效果】面板的使用。
- 掌握对偏色的视频进行色彩校正的方法。
- 熟练掌握查找边缘、镜像、边角固定、马赛克等常见特效的使用。
- 了解闪电特效各参数的意义。
- 初步掌握视频合成的方法。

二、实验环境

- 硬件要求:微处理器 Intel Core 2,内存 1GB 以上。
- 运行环境:Windows 7/8。
- 应用软件:Premiere CS4。

三、实验内容与要求

（一）使用查找边缘等特效制作浮雕效果，如图 5-21 所示。

 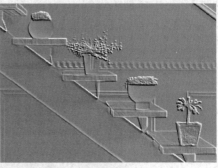

(a) 原素材   (b) 浮雕化效果

图 5-21 添加特效前后对比图

（二）使用亮度与对比度特效和色彩平衡特效校正视频颜色，效果如图 5-22 所示。

(a) 原素材   (b) 校正颜色

图 5-22 添加特效前后对比图

（三）使用镜像特效制作水中倒影的效果，如图 5-23 所示。

（四）使用边角固定特效与灰度系数校正特效进行视频合成，并对画面进行调整，效果如图 5-24 所示。

图 5-23 水中倒影   图 5-24 视频合成

（五）使用裁剪、马赛克等特效制作马赛克效果，如图 5-25 所示。

（六）使用闪电特效制作闪电效果，如图 5-26 所示。

图 5-25　马赛克效果　　　　　　　　　　图 5-26　闪电效果

（七）使用羽化边缘特效合成视频，效果如图 5-27 所示。

图 5-27　羽化视频边缘

四、实验步骤与指导

（一）浮雕化效果的制作。

本例考查查找边缘、浮雕等特效的使用。

（1）新建项目，指定存储路径后设置【序列预置】为 DV-PAL 标准 48kHz。

（2）选择【文件】→【导入】命令，将素材中的图片导入并拖动到【时间线】面板的【视频1】轨道中；然后在【时间线】面板中选中素材并右击，选择【适配为当前画面大小】命令。

（3）打开【效果】面板，选择【视频特效】→【风格化】→【查找边缘】命令，将其拖到【视频1】轨道的素材上；然后在【特效控制台】面板中展开【查找边缘】选项栏，设置【与原始图像混合】为 100%。

说明：如果不清楚需要使用的特效具体在哪个节点下，可以直接在【效果】面板中搜索，如图 5-28 所示。

（4）在【特效控制台】面板中展开【浮雕】选项栏，参数设置如图 5-29 所示，继续添加【浮雕】特效。

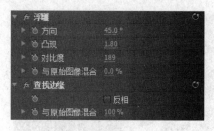

图 5-28 【效果】面板　　　　　　　　图 5-29 参数设置

（5）在【源素材监视器】面板中预览效果。

（二）校正色彩。

本例考查色彩平衡、亮度与对比度等特效的使用。

（1）新建项目，指定存储路径后设置【序列预置】为 DV-PAL 标准 48kHz，然后将素材中的视频文件导入并拖动到【时间线】面板的【视频 1】轨道中。

（2）打开【效果】面板，选择【视频特效】→【色彩校正】→【亮度与对比度】命令，将其拖到【视频 1】轨道的素材上；然后在【特效控制台】面板中展开【亮度与对比度】选项栏，设置【亮度】为 35，在【源素材监视器】面板中观看效果。

（3）在【效果】面板中选择【视频特效】→【色彩校正】→【色彩平衡】命令，将其拖到【视频 1】轨道的素材上；然后在【特效控制台】面板中展开【色彩平衡】选项栏，参数设置如图 5-30 所示。

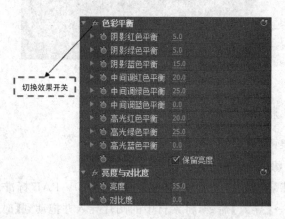

图 5-30 特效参数设置

（4）在【源素材监视器】面板中预览效果，单击【特效控制台】面板中的【切换效果开关】按钮即可观察添加特效前、后的效果对比。

（三）制作水中倒影。

本例考查镜像、照明效果等特效的使用。

（1）新建项目，指定存储路径后设置【序列预置】为 DV-PAL 标准 48kHz，导入素材中两幅图片，并将"房子.jpg"拖动到【时间线】面板的【视频 1】轨道中。

（2）打开【特效控制台】面板，展开【运动】选项栏，设置【位置】为（360,200），【缩放比例】

为 83%。

（3）打开【效果】面板，选择【视频特效】→【扭曲】→【镜像】命令，将其拖到【视频 1】轨道的素材上，然后在【特效控制台】面板中展开【镜像】选项栏，参数设置如图 5-31 所示。

（4）将【项目】面板中的"湖面.jpg"拖入【视频 2】轨道中，在【效果】面板中选择【视频特效】→【变换】→【裁剪】命令并添加到该图片上；打开【特效控制台】面板，调整【位置】、【缩放比例】等参数，设置【裁剪】的比例，参数设置如图 5-32 所示，效果如图 5-33 所示。

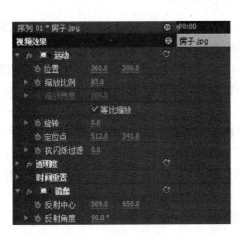

图 5-31　特效控制台

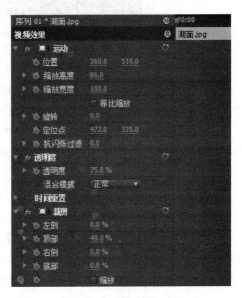

图 5-32　特效控制台

（5）继续为"湖面.jpg"添加【照明效果】特效，将【灯光类型】修改为【全光源】，参数设置如图 5-34 所示。

图 5-33　初步效果

图 5-34　照明效果参数设置

（6）保存文件，在【源素材监视器】面板中预览效果。

（四）视频合成。

本例考查边角固定、灰度系数校正等特效的使用。

（1）新建文件，设置【序列预置】为 DV-24P 标准 48kHz。

（2）导入素材中的图片和视频文件，并分别拖入【时间线】面板的【视频 1】和【视频 2】轨道中，缩短图片素材的持续时间，并使两者保持相同长度，如图 5-35 所示。

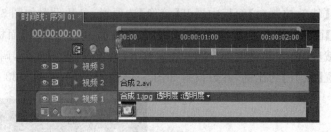

图 5-35 【时间线】面板

（3）单击【时间线】面板中的"眼睛"图标隐藏【视频 2】轨道，选择【视频 1】轨道中的图片素材，在【特效控制台】面板中将其【缩放比例】调整为 81%。

（4）显示【视频 2】轨道，选择轨道中的素材，打开【特效控制台】面板，设置【缩放比例】为 80%；然后打开【效果】面板，选择【视频特效】→【扭曲】→【边角固定】命令，将其拖动到素材上。

（5）在【特效控制台】面板中设置【边角固定】的各个参数，如图 5-36 所示，使视频恰好位于背景图片的显示器区域。

（6）打开【效果】面板，选择【视频特效】→【图像控制】→【灰度系数校正】命令，将其拖到视频素材上；再在【特效控制台】面板中设置【灰度系数】为 8。

（7）保存文件，在【源素材监视器】面板中预览效果。

图 5-36 特效控制台

图 5-37 初步效果

（五）制作马赛克效果。

本例考查马赛克、裁剪特效的使用。

（1）新建文件，设置【序列预置】为 DV-24P 标准 48kHz。

（2）导入素材中的视频文件，并拖入【时间线】面板的【视频 1】和【视频 2】轨道中；然后分别右击，选择【适配为当前画面大小】命令，如图 5-38 所示。

（3）为【视频 2】轨道中的素材依次添加【视频特效】→【风格化】→【马赛克】、【变换】→

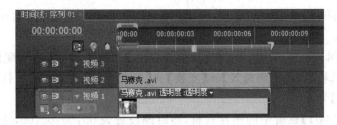

图 5-38 【时间线】面板

【裁剪】特效。

（4）打开【特效控制台】面板，设置【裁剪】的【左侧】为 10％，【顶部】为 10％，【右侧】为 70％，【底部】为 60％。

（5）设置【马赛克】的【水平块】和【垂直块】均为 33。

（6）在【源素材监视器】面板中预览效果。

（六）制作闪电特效。

本例考查闪电特效的制作。

（1）新建文件，设置【序列预置】为 DV-24P 标准 48kHz。

（2）导入素材图片，拖入【时间线】面板的【视频 1】轨道中，右击，选择【适配为当前画面大小】命令。

（3）为【视频 1】轨道中的素材添加【视频特效】→【生成】→【闪电】特效，然后打开【特效控制台】面板，设置【闪电】的【起始点】为（119，30），【结束点】为（780，640），【线段】为 11，【波幅】为 15，【细节层次】为 7，【拉力】为 27，【拉力方向】为 46。

（4）在【源素材监视器】面板中单击【播放】按钮预览效果。

（七）使用羽化边缘特效完成视频的合成。

本例考查关键帧的设置及羽化边缘等特效的使用。

（1）新建文件，设置【序列预置】为 DV-24P 标准 48kHz。

（2）导入素材中的 psd 和 avi 文件，在导入 psd 文件的过程中将弹出【导入分层文件】对话框，将【导入为】设置为【单个图层】，如图 5-39 所示；将 psd 图片文件拖入【时间线】面板的【视频 1】轨道中，将 avi 视频文件拖入【视频 2】轨道中；修改图片文件的持续时间，使两者具有相同长度。

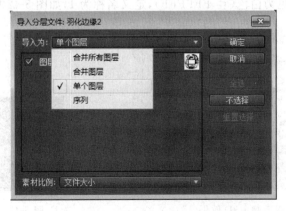

图 5-39 导入分层文件

（3）选中【视频 2】轨道中的素材，激活【特效控制台】面板，设置【缩放比例】为 104％，【透明度】为 0％。

（4）设置时间为 00∶00∶01∶09，在【特效控制台】面板中设置【透明度】为 100％。打开【效果】面板，为视频添加【视频特效】→【变换】→【羽化边缘】特效；然后打开【特效控制台】面板，设置【数量】为 85。

（5）选中【视频 1】轨道中的图片素材，将时间设置为 00∶00∶00∶00，激活【特效控制台】面板，设置【缩放比例】为 600％，并分别在【缩放比例】、【旋转】选项中添加关键帧，如图 5-40 所示。

图 5-40　添加关键帧

（6）设置时间为 00∶00∶01∶09，将【缩放比例】修改为 190％；将时间设置为 00∶00∶12∶15，将【旋转】修改为 360°。

（7）在【源素材监视器】面板中单击【播放】按钮预览效果。

五、拓展练习

【练习】　使用彩色蒙版等特效制作 3D 效果，如图 5-41 所示。

（1）新建项目，设置【序列预置】为 DV-24P 标准 48kHz。

（2）导入素材中的四幅图片，在导入 psd 文件的过程中弹出【导入分层文件】对话框，将【导入为】设置为【单个图层】。

（3）在【项目】面板中右击，选择【新建分类】→【彩色蒙版】命令，弹出【新建彩色蒙版】对话框，确定后设置颜色为白色（♯ FFFFFF），定义名称为 1，如图 5-42 所示。

图 5-41　3D 效果

图 5-42　选择名称

（4）新建彩色蒙版 2,在【颜色拾取】对话框中设置颜色为♯ DEC99C；新建彩色蒙版 3 和 4,在【颜色拾取】对话框中设置颜色均为♯ DFDFDF；新建彩色蒙版 5,在【颜色拾取】对话框中设置颜色为♯ EFEFEF。

（5）将彩色蒙版 1 拖至【时间线】面板的【视频 1】轨道中,将彩色蒙版 5 拖至时间线的【视频 2】轨道中,为 5 添加【视频特效】→【透视】→【基本 3D】特效；然后打开【特效控制台】面板,设置【位置】为(360,32),【基本 3D】选项下的【倾斜】为－97°。

（6）将彩色蒙版 2 拖至【时间线】面板的【视频 3】轨道中,为 2 分别添加【视频特效】→【生成】→【网格】特效和【基本 3D】特效；打开【特效控制台】面板,设置【位置】为(360,421)；然后设置【网格】参数和【基本 3D】参数,如图 5-43 所示。

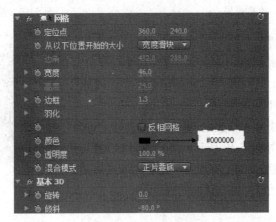

图 5-43　特效参数设置

（7）将彩色蒙版 3 拖至【时间线】面板的【视频 4】轨道中,为 3 添加【基本 3D】特效；打开【特效控制台】面板,设置【位置】为(2,224),【基本 3D】选项下的【旋转】为－58°。

（8）将彩色蒙版 4 拖至【时间线】面板的【视频 5】轨道中,如图 5-44 所示,为"5"添加【基本 3D】特效；打开【特效控制台】面板,设置【位置】为(714,223),设置【基本 3D】选项下的【旋转】为 57°。初步效果如图 5-45 所示。

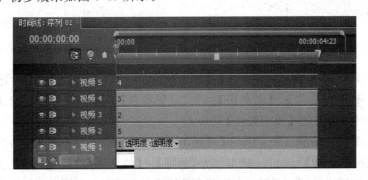

图 5-44　【时间线】面板

（9）将"3D 空间效果 1.psd"拖入【视频 6】轨道中,调整其位置和缩放比例,效果如图 5-46 所示；然后为其添加【视频特效】→【透视】→【径向放射阴影】特效,参数设置如图 5-47 所示。

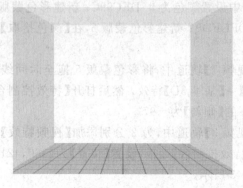

图 5-45　初步效果

图 5-46　放置椅子

（10）将【视频 6】轨道中的素材复制并粘贴到【视频 7】轨道中，并设置【视频 7】轨道中的素材【位置】为（249，363），【缩放比例】为 40%；然后为其添加【变换】→【水平翻转】特效，效果如图 5-48 所示。

（11）将"3D 空间效果 2.jpg"拖入【视频 8】轨道中，调整其位置和缩放比例，如图 5-49 所示；然后为其添加【透视】→【斜角边】特效，设置参数【边缘厚度】为 0.02，【照明角度】为−60°，【照明颜色】为黑色，【照明强度】为 0.4。

图 5-47　特效设置

图 5-48　水平翻转效果

图 5-49　添加各素材后的效果图

（12）将"3D 空间效果 3.jpg"拖入【视频 9】轨道中，调整其位置和缩放比例，如图 5-49 所示；然后为其添加【透视】→【斜角边】特效，设置参数【边缘厚度】为 0.02、【照明角度】为−60°，【照明颜色】为黑色，【照明强度】为 0.4。

（13）将"3D 空间效果 4.jpg"拖入【视频 10】轨道中，右击，选择【适配为当前画面大小】命令，设置其【缩放比例】为 64%；为其添加【扭曲】→【边角固定】特效，在【特效控制台】面板中单击【边角固定】按钮，即在【源素材监视器】面板中出现四个坐标点，使用鼠标拖动调整其位置，如图 5-49 所示。

（14）继续为"3D 空间效果 4.jpg"添加【透视】→【阴影（投影）】特效，设置【阴影颜色】为黑色，【透明度】为 50%，【方向】为 135°，【距离】为 5，【柔和度】为 1.2。

（15）保存文件并导出。

实验三　字幕与音频特效的使用

一、实验目的

- 熟练掌握字幕的添加与编辑方法。
- 熟悉渐变、纹理、阴影、描边等字幕样式设置方法。
- 熟练掌握静态字幕与动态字幕的相关操作。
- 掌握音频特效的运用。

二、实验环境

- 硬件要求：微处理器 Intel Core 2，内存 1GB 以上。
- 运行环境：Windows 7/8。
- 应用软件：Premiere CS4。

三、实验内容与要求

（一）制作具有发光效果的字幕，如图 5-50 所示。

（二）制作纹理字幕，效果如图 5-51 所示。

图 5-50　发光字

图 5-51　具有纹理效果的字幕

（三）制作逐字打出的字幕效果，如图 5-52 所示。

（四）制作手写字效果，如图 5-53 所示。

图 5-52　逐字打出的字幕

图 5-53　手写字

（五）消除音频中的嗡嗡电流声。

（六）制作带有奇异音调效果的音频。

（七）制作超重低音效果。

四、实验步骤与指导

（一）制作发光字。

本例考查字幕的创建及文字属性设置的相关方法。

（1）新建文件，设置【序列预置】为 DV-24P 标准 48kHz，导入素材中的"玉瓶.jpg"，拖入【视频 1】轨道中，右击，选择【适配为当前画面大小】命令。

（2）在【项目】面板中右击，选择【新建分类】→【字幕】命令，弹出【新建字幕】对话框，为字幕文件命名，如图 5-54 所示。

（3）在【字幕设计器】窗口左侧的工具箱中选择【垂直文字】工具，输入文字，在窗口右侧的【字幕属性】面板中选择合适的字形、大小和字距，填充颜色为♯968A14，透明度为 70%。勾选【光泽】复选框，参数设置如图 5-55 所示。

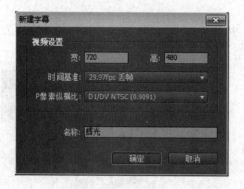

图 5-54　新建字幕

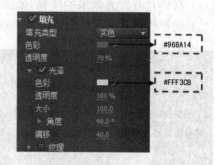

图 5-55　文字效果设置

（4）在【描边】栏中添加外侧边，设置【类型】为凸出，【大小】为 4，色彩设置为♯FFF9D1；勾选【阴影】复选框，设置颜色为白色，透明度为 100%，大小为 6，扩散 100。

（5）关闭【字幕设计器】窗口，将字幕拖入【视频 2】轨道中。

（6）保存文件，在【源素材监视器】面板中观看效果。

（二）制作纹理字幕。

本例考查字幕样式、字幕属性等设置方法。

（1）新建文件，设置【序列预置】为 DV-24P 标准 48kHz，导入素材中的"海面.jpg"图片，将其拖入【视频 1】轨道中。

（2）在【项目】面板中右击，选择【新建分类】→【字幕】命令（或按 Ctrl＋T 快捷键），新建字幕；使用【文本工具】输入文字，在【字幕属性】面板中设置大小为 170，并选择合适的字体；在【字幕样式】面板中选择【方正琥珀】，如图 5-56 所示；在【字幕动作】面板的【对齐】栏中单击【水平居中】按钮、【垂直居中】按钮，如图 5-57 所示。文字效果如图 5-58 所示。

（3）在【字幕设计器】窗口右侧的【文字属性】面板中勾选【填充】区域下的【纹理】复选框，选择素材中的"斑点.jpg"，然后设置参数如图 5-59 所示。

图 5-56 字幕样式

图 5-57 【对齐】栏

图 5-58 文字效果

图 5-59 设置纹理

（4）在【字幕设计器】窗口上方单击【基于当前字幕新建字幕】按钮，新建字幕【椭圆】。在【椭圆】字幕设计器中将刚才输入的文字删除，使用【椭圆工具】绘制一个圆，设置椭圆的【宽度】为 434，【高度】为 5，【X 位置】为 339，【Y 位置】为 290，将【填充类型】修改为【实色】，删除所有描边，取消勾选【纹理】复选框和【阴影】复选框，效果如图 5-60 所示。

说明：【基于当前字幕新建字幕】表示新的字幕仍保留原来字幕的样式和其他属性。

（5）关闭【字幕设计器】窗口，将刚才制作的【字幕 01】拖入【视频 3】轨道，并为其添加【扭曲】→【镜像】特效，设置【镜像】特效的【反射中心】为（383,239），【反射角度】为 90°，如图 5-61 所示。

图 5-60 绘制椭圆

图 5-61 镜像效果

（6）将【椭圆】字幕拖入【视频 2】轨道，调整其位置使它位于两排文字中间。然后为其添加【模糊】→【高斯模糊】特效，设置【高斯模糊】特效的【模糊】为 13，如图 5-62 所示。

（7）将素材"海面.jpg"拖入【视频 4】轨道，为其添加【变换】→【裁剪】特效，设置【裁剪】

中的参数【顶部】为 50.5％；然后设置该图片的【透明度】为 80％，【混合模式】为【变亮】，【位置】为(366,290)，如图 5-63 所示。

图 5-62 椭圆的位置及效果   图 5-63 调整运动参数

(8) 保存文件，预览效果。

(三) 制作逐字打出的字幕效果。

本例考查字幕填充效果的设置及特效在字幕中的灵活运用。

(1) 新建文件，设置【序列预置】为 DV-24P 标准 48kHz，导入素材中的"彩虹.jpg"图片，将其拖入【视频 1】轨道中，并将【缩放比例】调整为 69％。

(2) 在【项目】面板中右击，选择【新建分类】→【字幕】命令(或按 Ctrl＋T 快捷键)，新建字幕；使用【文本工具】输入文字"雨后彩虹"，在【对齐】栏中单击【水平居中】和【垂直居中】按钮。在右侧的【字幕属性】面板中设置合适的大小、字形和字距；设置【填充类型】为【线性渐变】，勾选【光泽】复选框，参数设置如图 5-64 所示；然后在【描边】栏中添加【外侧边】，设置【类型】为凸出。

(3) 使用【文本工具】输入文字 YU HOU CAI HONG，在【字幕属性】面板中设置合适的大小、字形和字距；设置【填充类型】为【线性渐变】，设置左侧的 RGB 为＃0000FF，右侧的 RGB 为＃FF3C00，勾选【光泽】复选框，设置【大小】为 100；然后在【描边】栏中添加【外侧边】，设置【类型】为凸出，效果如图 5-65 所示。

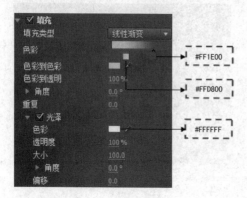

图 5-64 字幕属性设置   图 5-65 初步效果

(4) 关闭字幕设计器，将【字幕 01】拖至【视频 2】轨道中，并为其添加【变换】→【裁剪】特效；修改当前时间为 00：00：00：00，打开【特效控制台】面板，设置【裁剪】栏下的【右侧】为

84％,并为其添加关键帧;修改当前时间为 00:00:00:11,设置【右侧】为 66％,如图 5-66 所示。

　　（5）设置当前时间为 00:00:00:18,为【右侧】再添加一处关键帧;将时间为 00:00:01:05,设置【右侧】为 51％;修改当前时间为 00:00:01:12,为【右侧】添加关键帧;修改当前时间为 00:00:01:23,设置【右侧】为 31％;修改当前时间为 00:00:02:06,为【右侧】添加关键帧;修改当前时间为 00:00:02:17,设置【右侧】为 3％,如图 5-67 所示。

图 5-66　添加两处关键帧　　　　　　　图 5-67　设置八处关键帧

　　（6）保存文件,在【源素材监视器】面板中单击【播放】按钮预览效果。

　　（四）制作手写字效果。

　　本例考查时间线嵌套的使用方法及 4 点无用信号遮罩特效的灵活运用。

　　（1）新建文件,设置【序列预置】为 DV-24P标准 48kHz,导入素材中的"水乡.jpg"图片,将其拖入【视频 1】轨道中,右击,选择【适配为当前画面大小】命令。

　　（2）按 Ctrl+T 快捷键新建字幕,使用【文本工具】输入文字"彩",设置合适的大小、字形和颜色,如图 5-68 所示。

图 5-68　新建并设置字幕

　　（3）关闭字幕设计窗口,选择【文件】→【新建】→【序列】命令,新建序列 02,将字幕拖至【时间线:序列 02】面板的【视频 1】轨道中;为【字幕 01】添加【键控】→【4 点无用信号遮罩】特效,设置参数,并分别为【上左】和【下左】添加关键帧,如图 5-69 所示。

(a) 参数设置　　　　　　　　　　　　　(b) 显示效果

图 5-69　00:00:00:00 时的状态

　　（4）设置当前时间为 00:00:00:08,修改【4 点无用信号遮罩】特效的相关参数,如图 5-70所示。

　　（5）确定当前时间为 00:00:00:08,将【字幕 01】拖至【时间线:序列 02】面板的【视频 2】轨道中,并为其添加【4 点无用信号遮罩】特效,如图 5-71 所示。

(a) 参数设置

(b) 显示效果

图 5-70　00:00:00:08 时的状态

图 5-71　拖入【字幕 01】

（6）确定当前时间为 00:00:00:08，设置【4 点无用信号遮罩】特效的参数并分别为【下左】和【下右】添加关键帧，如图 5-72 所示。

（7）设置当前时间为 00:00:00:16，修改【4 点无用信号遮罩】特效的相关参数，如图 5-73 所示。

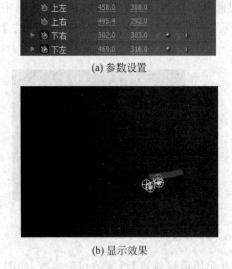

(a) 参数设置

(b) 显示效果

图 5-72　00:00:00:08 时轨道 2 的状态

(a) 参数设置

(b) 监视器显示的效果

图 5-73　00:00:00:16 时轨道 2 的状态

（8）使用同样的方法对"彩"字的所有笔画进行设置，最后将所有字幕的结束处与【视频 1】轨道中的【字幕 01】结束处对齐，如图 5-74 所示。

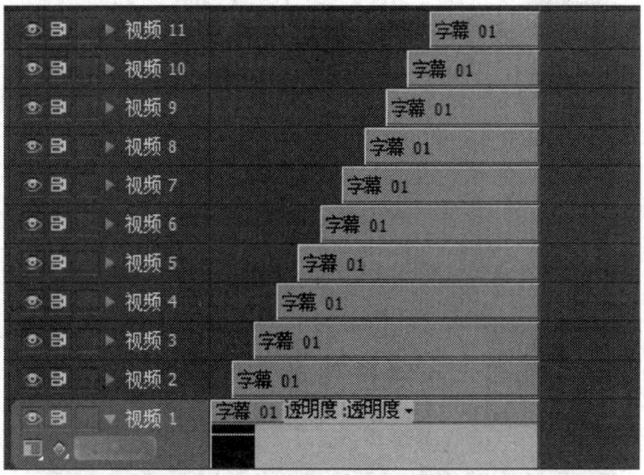

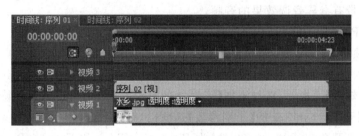

图 5-74　【时间线】面板

（9）最后将【时间线：序列02】拖至【时间线：序列01】面板的【视频2】轨道中，如图5-75所示。

图 5-75　嵌套时间线

（10）激活【时间线】面板，选择【文件】→【导出】→【媒体】命令，在弹出的【导出设置】对话框中选择视频格式和导出路径，确定后在弹出的【媒体编码器】对话框中单击【开始队列】按钮导出视频文件。

（五）消除音频中的嗡嗡电流声。

本例考查音频特效的使用。

（1）新建文件，设置【序列预置】为 DV-24P 标准48kHz，导入素材中音频文件，将其拖入【音频1】轨道中。

（2）打开【效果】面板，选择【音频特效】→Stereo→DeNoiser 命令，将其拖到素材上；激活【特效控制台】面板，展开【自定义设置】选项栏，设置 Reduction 为−20dB，Offset 为 10dB，如图5-76所示。

说明：在默认状态下，【时间线】面板中的所有音频轨道都是立体声（双声道）。如果素材中的声音文件是单声道，则无法添加到音频轨道中。此时，选择【序列】→【添加轨道】命令，选择【单声道】，如图5-77所示。

（3）保存文件，在【源素材监视器】面板中单击【播放】按钮试听效果。

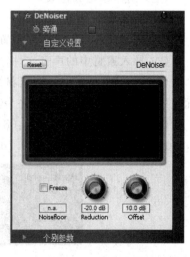

图 5-76　调整参数

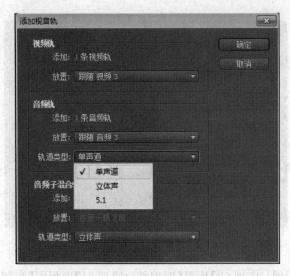

图 5-77　添加单声道轨道

（六）制作带有奇异音调效果的音频。

本例考查 PitchShifter 特效的使用。

（1）新建项目文件，设置【序列预置】为 DV-24P 标准 48kHz。

（2）导入素材中的声音文件，并拖入【时间线】面板的【音频 1】轨道中。

（3）打开【效果】面板，为素材添加【音频特效】→Stereo→PitchShifter 特效，在【特效控制台】面板中展开 Pitchshifter 的【个别参数】选项栏，作如下设置。

①　将播放头调至 00：00：00：00 处，为 Pitch、FineTune 和 FormantPreserve 添加关键帧，并设置它们的值分别为 −7、0 和 On。

②　将播放头调至 00：00：06：01 处，设置 Pitch、FineTune 和 FormantPreserve 的值分别为 −12、−50 和 Off。

（4）保存文件并试听效果。

（七）制作超重低音效果。

本例考查低音特效的使用。

（1）新建文件，设置【序列预置】为 DV-24P 标准 48kHz。

（2）导入素材中的声音文件，并拖入【时间线】面板的【音频 1】轨道中。

（3）打开【效果】面板，为素材添加【音频特效】→Stereo→【低音】特效，在【特效控制台】面板中设置【放大】为 0.4dB，并为其添加关键帧。

（4）将时间调整到 00：00：08：01，设置【放大】为 9.9dB，如图 5-78 所示；将时间调整到 00：00：17：22，设置【放大】为 3.7dB。

图 5-78　设置关键帧

（5）保存文件并试听效果。

实验四　Premiere 综合应用

一、实验目的

- 熟练掌握关键帧的添加、删除和编辑等方法。
- 掌握各种影视特技的操作与应用。
- 熟悉视频切换特效中持续时间、方向等参数的意义与编辑方法。
- 训练运用 Premiere 进行视频综合编辑的能力。

二、实验环境

- 硬件要求：微处理器 Intel Core 2，内存 1GB 以上。
- 运行环境：Windows 7/8。
- 应用软件：Premiere CS4。

三、实验内容与要求

制作婚纱电子相册。

四、实验步骤与指导

本例训练使用 Premiere 进行视频综合编辑的能力。

（1）导入素材。

① 新建项目文件，设置【序列预置】为 DV-24P 标准 48kHz。在【项目】面板中双击鼠标，在弹出的对话框中选择素材所在的文件夹，单击【导入文件夹】按钮，如图 5-79 所示；在导入 psd 文件的过程中，弹出【导入分层文件】对话框，将【导入为】设置成【单个图层】。

图 5-79　导入素材

注意：如果在导入的分层文件中包含多个图层，则在选择【单个图层】时，需要取消勾选无用图层复选框，如图 5-80 所示。

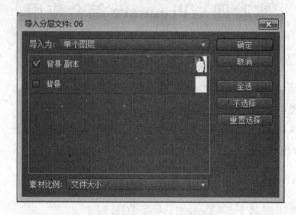

图 5-80　导入分层文件

② 选择【序列】→【添加轨道】命令，添加 11 条视频轨道。

（2）添加背景音乐。

① 将素材中的 mp3 文件拖至【时间线】面板的【音频 1】轨道中，在【效果】面板中选择【音频特效】→Stereo→MultibandCompressor 命令，将其添加到素材上。

② 在【特效控制台】面板中展开【MultibandCompressor】区域下的【自定义设置】栏，参数设置如图 5-81 所示。

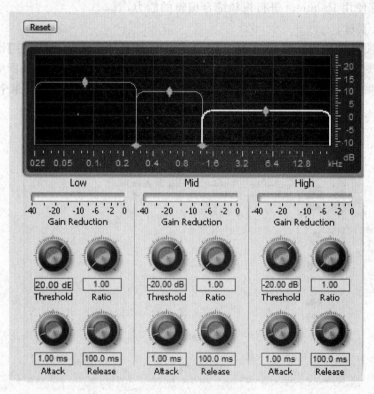

图 5-81　设置音频特效

（3）在【项目】面板中新建彩色蒙版，颜色设置为白色；设置当前时间为 00：00：26：15，将彩色蒙版拖至【视频 1】轨道，使其结束处与编辑标识线对齐，如图 5-82 所示。

图 5-82　设置彩色蒙版的持续时间

（4）设置当前时间为 00：00：01：23，将素材中的"01.jpg"拖至【视频 2】轨道，拖动文件使其结束处与编辑标识线对齐，如图 5-83 所示。

图 5-83　拖入并设置 01.jpg

（5）选中"01.jpg"，激活【特效控制台】面板，设置【位置】为（222，241），【缩放比例】为 48％；激活【效果】面板，选择【视频切换】→【卷页】→【卷走】命令，添加到"01.jpg"的开始处；在【时间线】面板上选中【卷走】切换效果，激活【特效控制台】面板，设置【持续时间】为 1 秒 20 帧（00：00：01：20），勾选【反转】复选框，如图 5-84 所示。

（6）修改当前时间为 00：00：01：23，将"02.psd"拖入【视频 3】轨道中，拖动其结束处与编辑标识线对齐后右击，选择【适配为当前画面大小】命令；为"02.psd"的开始处添加【卷走】切换效果，设置【持续时间】为 1 秒 20 帧，勾选【反转】复选框，如图 5-85 所示。

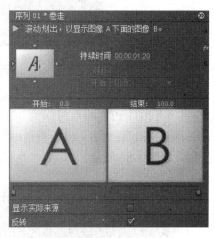

图 5-84　设置切换效果

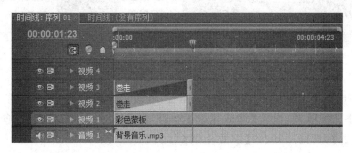

图 5-85　添加并设置视频切换

（7）修改当前时间为 00:00:01:14，将"03.psd"拖入【视频 4】轨道中，拖动其开始处与编辑标识线对齐，如图 5-86 所示；激活【特效控制台】面板，修改时间为 00:00:02:03，设置【位置】为（280，242），并添加关键帧；修改时间为 00:00:03:20，设置【位置】为（280，360）；修改时间为 00:00:04:08，为【透明度】添加一处关键帧；修改时间为 00:00:05:12，设置【透明度】为 0%，如图 5-87 所示。

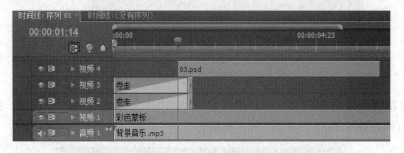

图 5-86　拖入"03.psd"文件

图 5-87　添加关键帧

（8）为"03.psd"的开始处添加【交叉叠化（标准）】切换效果，设置【持续时间】为 20 帧（00:00:00:20）；设置当前时间为 00:00:04:08，将"06.psd"拖入【视频 5】轨道中，拖动其开始处与编辑标识线对齐；修改当前时间为 00:00:08:20，拖动"06.psd"的结束处与编辑标识线对齐，如图 5-88 所示。

图 5-88　"06.psd"的开头和结束处

（9）选中"06.psd"，激活【特效控制台】面板，修改当前时间为 00:00:05:07，设置【位置】为（197，240）、添加关键帧，设置【缩放比例】为 48%、添加关键帧；修改当前时间为 00:00:06:21，设置【位置】为（197，332），【缩放比例】为 77%。

（10）为"06.psd"的开始处添加【交叉叠化（标准）】切换效果，并设置它的【持续时间】为1秒。

（11）制作字幕。

① 按 Ctrl＋T 快捷键新建【文字 01】字幕，输入"my love……"，设置 RGB 为 ♯ 00B9FF，【旋转】为 90°；添加一处外侧边，【类型】为凸出，【大小】为 5，【颜色】为黑色，效果如图 5-89 所示。

图 5-89　新建并设置【文字 01】字幕

② 单击【基于当前字幕新建字幕】按钮，新建【文字 02】字幕，将原来的文字删除，再输入新的文字"众里寻她千百度 蓦然回首 那人却在灯火阑珊处"，设置大小为 11，颜色为白色；添加一处外侧边，【类型】为边缘，【大小】为 8，【颜色】为白色，效果如图 5-90 所示。

图 5-90　【文字 02】字幕

③ 单击【基于当前字幕新建字幕】按钮，新建【文字 03】字幕，将原来的文字删除，再输入新的文字 my love，设置大小为 60，颜色为白色，删除外侧边；勾选【阴影】复选框，设置【颜色】为黑色，【透明度】为 54％，【角度】为－205°，【大小】为 0，【距离】为 4，【扩散】为 19，如图 5-91 所示。

图 5-91　【文字 03】字幕

④ 单击【基于当前字幕新建字幕】按钮,新建【文字 04】字幕,将原来的文字删除,输入新的文字"钟爱一生",设置大小为 110,【填充类型】为线性渐变,参数如图 5-92 所示;添加一处外侧边,【类型】为边缘,【大小】为 5,取消勾选【阴影】复选框,效果如图 5-93 所示。

图 5-92　设置填充类型

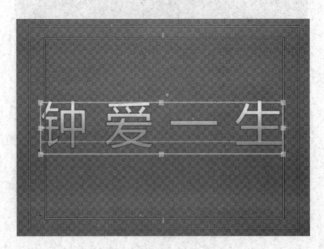

图 5-93　【文字 04】字幕

⑤ 关闭字幕设计器,按 Ctrl+T 快捷键新建【图 01】字幕,使用【圆角椭圆工具】绘制一个圆角矩形,设置【宽度】为 230.6,【高度】为 298.2,【位置】为(267,225),【圆角大小】为 10%;勾选【纹理】复选框;单击【纹理】右侧的按钮,选择素材中的"04.jpg"文件,添加一处

外侧边,设置【类型】为边缘,【大小】为12,【颜色】为♯EAEAEA,【透明度】为80%,效果如图 5-94 所示。

图 5-94 【图 01】字幕

⑥ 单击【基于当前字幕新建字幕】按钮,新建【图 02】字幕,设置【位置】为(501,198),修改【纹理】中的图片为"05.jpg",如图 5-95 所示。

图 5-95 【图 02】字幕

⑦ 单击【基于当前字幕新建字幕】按钮,新建【图 03】字幕,删除圆角矩形,使用【矩形工具】绘制一个矩形,设置【宽度】为683,【高度】为170,【位置】为(327,371);取消勾选【纹理】复选框,【填充类型】为实色,【颜色】为白色,【透明度】为70%;取消勾选【纹理】复选框,删除外侧边,效果如图 5-96 所示。

⑧ 绘制一个圆角矩形,设置【宽度】为100,【高度】为144.5,【位置】为(600,372),【圆角大小】为10%;勾选【纹理】复选框,单击【纹理】右侧的按钮,选择素材中的"14.jpg"文件,如图 5-97 所示。

⑨ 复制这个圆角矩形,修改【纹理】图片分别为素材中的"13.jpg"、"12.jpg"、"11.jpg"、"10.jpg"、"9.jpg",并调整它们的位置,如图 5-98 所示。

图 5-96　【图 03】字幕

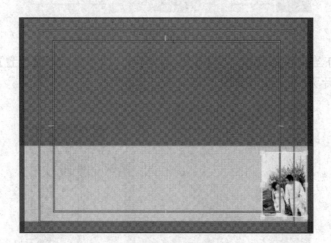

图 5-97　绘制圆角矩形

图 5-98　复制圆角矩形并排列

⑩ 单击【基于当前字幕新建字幕】按钮，新建【图 04】字幕，删除所有内容，使用【矩形工具】绘制一个矩形，设置【宽度】为 619，【高度】为 459，【位置】为 (325, 242)，取消勾选【纹理】复选框，【填充类型】为实色，【颜色】为♯B1B1B1，【透明度】为 50%；取消勾选【纹理】复选框，添加一处外侧边，设置【类型】为边缘，【大小】为 2，【颜色】为白色，如图 5-99 所示。

图 5-99　【图 04】字幕

⑪ 单击【基于当前字幕新建字幕】按钮，新建【图 05】字幕，删除矩形，再绘制同于【图 03】字幕的矩形；然后创建一个圆角矩形，设置【宽度】为 180，【高度】为 133，【位置】为 (544, 388)，【填充类型】为实色，【颜色】为白色，【透明度】为 70%；添加一处内侧边，设置【类型】为【凹进】，【角度】为 90°，【颜色】为黑色，【透明度】为 25%；修改外侧边，设置【类型】为【边缘】，【大小】为 1，【颜色】为黑色，如图 5-100 所示。

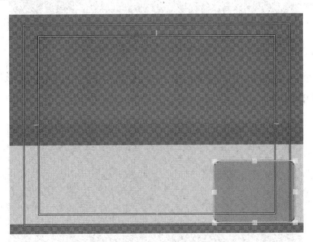

图 5-100　【图 05】字幕的小矩形

⑫ 复制小圆角矩形，调整其位置，删除内侧边，勾选【纹理】，加载"19.jpg"文件；再次复制，调整其位置，在【纹理】中加载"18.jpg"图片，如图 5-101 所示。

⑬ 单击【基于当前字幕新建字幕】按钮，新建【图 06】字幕，调整矩形位置，修改【纹理】中的图片分别为素材中的"20.jpg"、"21.jpg"，如图 5-102 所示。

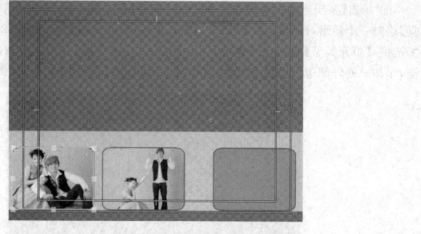

图 5-101　【图 05】字幕

图 5-102　【图 06】字幕

⑭ 单击【基于当前字幕新建字幕】按钮,新建【图 07】字幕,调整矩形位置,修改【纹理】中的图片分别为素材中的"22.jpg"、"23.jpg",如图 5-103 所示。

图 5-103　【图 07】字幕

⑮ 关闭字幕设计器，按 Ctrl＋T 快捷键新建【图 08】字幕，绘制圆角矩形，设置【宽度】为242，【高度】为 329，【位置】为（494,239），【圆角大小】为 10％，勾选【纹理】复选框；加载"24.jpg"，添加一处外侧边，设置【类型】为边缘，【大小】为 7，【颜色】为 ♯E3E3E3；勾选【阴影】复选框；设置【颜色】为黑色，【透明度】70％，【角度】为 50°，【距离】为 0，【大小】为 1，【扩散】为 0，如图 5-104 所示。

图 5-104 【图 08】字幕

⑯ 使用同样的方法创建【图 09】、【图 10】字幕，并修改【纹理】中的图片分别为素材中的"25.jpg"和"26.jpg"。

⑰ 单击【基于当前字幕新建字幕】按钮，新建【图 11】字幕，将圆角矩形的【位置】设置为（158,241），修改【纹理】图片分别为素材中的"27.jpg"，如图 5-105 所示。

图 5-105 【图 11】字幕

⑱ 单击【基于当前字幕新建字幕】按钮，新建【图 12】字幕，修改圆角矩形的【宽度】为376，【高度】为 281，【位置】为（355,259）；修改【纹理】图片分别为素材中的"33.jpg"，修改外侧边的【大小】为 10，【颜色】为白色，取消勾选【阴影】复选框，如图 5-106 所示。

⑲ 使用同样的方法创建【图 13】、【图 14】字幕，并修改【纹理】图片分别为素材中的

图 5-106 【图 12】字幕

"34.jpg"和"35.jpg"。

(12) 组合素材。

① 关闭【字幕设计器】窗口,将时间设置为 00:00:02:05,将【文字 01】字幕拖入【视频 6】轨道中,使其开始处与编辑标识线对齐;为【文字 01】添加【基本 3D】特效,调整时间为 00:00:02:09,为【基本 3D】选项下的【旋转】添加关键帧;调整时间为 00:00:03:05,为【透明度】添加一处关键帧,设置【基本 3D】下的【旋转】为 83.3°;调整时间为 00:00:03:07,设置【透明度】为 0%,如图 5-107 所示。

图 5-107 设置关键帧

② 将时间设置为 00:00:02:05,将【图 01】字幕拖入【视频 7】轨道中,使其开始处与编辑标识线对齐;为【图 01】添加【基本 3D】特效,将时间调整为 00:00:02:22,设置【位置】为(536,−194)并添加关键帧,【旋转】为−25°并添加关键帧。

③ 将时间设置为 00:00:04:11,设置【位置】为(553,205),【旋转】为 0°,为【基本 3D】选项下的【旋转】选项设置关键帧;将时间调整为 00:00:05:11,设置【基本 3D】选项下的【旋转】为 90°;将时间调整为 00:00:06:13,设置【基本 3D】选项下的【旋转】为 0°,如图 5-108 所示。

④ 将时间设置为 00:00:02:05,将【图 02】字幕拖入【视频 8】轨道中,使其开始处与编辑标识线对齐;将时间调整为 00:00:06:00,设置【位置】为(553,211),【透明度】为 0%,并添加关键帧;将时间调整为 00:00:06:01,设置【透明度】为 100%,并添加关键帧,如图 5-109 所示。

⑤ 将时间设置为 00:00:05:22,将素材中的"07.psd"文件拖入【视频 9】轨道中,使其开始处与编辑标识线对齐;将时间调整为 00:00:08:20,拖动【07.psd】的结束处与编辑标识线对齐。

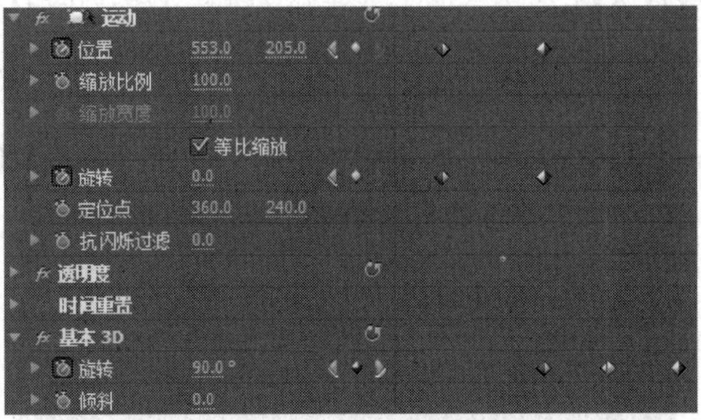

图 5-108　设置关键帧

图 5-109　设置透明度关键帧

⑥ 调整时间为 00:00:06:08,设置【位置】为(399,51)并添加关键帧,为【缩放比例】添加关键帧;调整时间为 00:00:07:22,设置【位置】为(337,334),【缩放比例】为 83%;为"07.psd"的开始处添加【交叉叠化(标准)】切换效果,并将该切换效果的持续时间改为 20 帧(00:00:00:20),此时,【时间线】面板如图 5-110 所示。

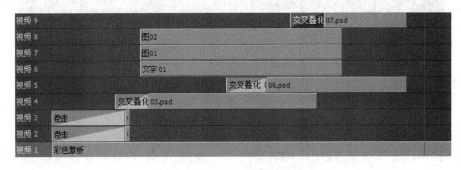

图 5-110　【时间线】面板

⑦ 将时间设置为 00:00:07:23,将素材中的"08.jpg"文件拖入【视频 10】轨道中,使其开始处与编辑标识线对齐,设置【缩放比例】为 64%;调整时间为 00:00:10:14,为【透明度】添加一处关键帧;调整时间为 00:00:10:21,设置【透明度】为 0%。为"08.jpg"的开始处添加【交叉叠化(标准)】切换效果,并将该切换效果的持续时间改为 00:00:00:06。

⑧ 将时间设置为 00:00:07:23,将【图 03】字幕拖入【视频 11】轨道中,使其开始处与编

辑标识线对齐；设置【位置】为(359,−304)并添加关键帧，【缩放比例】为500％并添加关键帧，设置【透明度】为0％；调整时间为00：00：09：05，设置【透明度】为100％；调整时间为00：00：10：11，设置【位置】为(360,259)，【缩放比例】为100％，如图5-111所示。调整时间为00：00：11：01，添加一处透明度关键帧；调整时间为00：00：11：12，设置【透明度】为0％。

图5-111　设置关键帧

⑨ 将时间设置为00：00：10：17，将【图04】字幕拖入【视频9】轨道中，使其开始处与编辑标识线对齐；调整时间为00：00：16：02，拖动【图04】的结束处与编辑标识线对齐。

⑩ 将时间设置为00：00：12：20，将"15.jpg"文件拖入【视频8】轨道中，使其结束处与编辑标识线对齐，开始处与【图04】的开始处对齐，如图5-112所示；设置"15.jpg"的【缩放比例】为66％，为"15.jpg"的开始处添加【附加叠化】切换效果，并将该切换效果的持续时间改为10帧(00：00：00：10)；为"15.jpg"添加【羽化边缘】特效，设置【数量】为67。

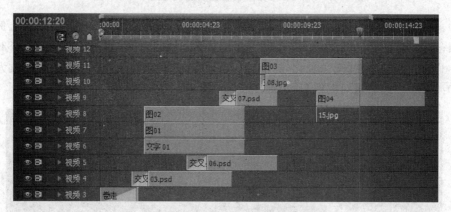

图5-112　拖入并设置"15.jpg"

⑪ 将"16.jpg"文件拖入【视频8】轨道的"15.jpg"结束处，将时间设置为00：00：14：11，使"16.jpg"结束处与编辑标识线对齐，开始处与"15.jpg"的结束处对齐；设置"16.jpg"的【缩放比例】为80％，为其添加【羽化边缘】特效，并设置【数量】为67；为"15.jpg"和"16.jpg"文件之间添加【附加叠化】切换效果，并将其持续时间改为10帧。

⑫ 将"17.jpg"文件拖入【视频8】轨道的"16.jpg"结束处，将时间设置为00：00：16：02，使"17.jpg"结束处与编辑标识线对齐，开始处与"16.jpg"的结束处对齐；设置"17.jpg"的【缩放比例】为82％，添加【羽化边缘】特效，并设置【数量】为67；为"16.jpg"和"17.jpg"文件之间添加【附加叠化】切换效果，并将其持续时间改为10帧，如图5-113所示。

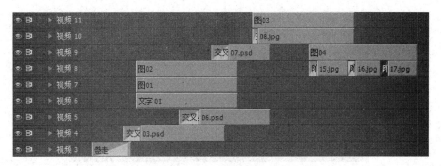

图 5-113 【时间线】面板的【视频 8】轨道

⑬ 将时间设置为 00:00:11:06,将【图 05】字幕拖入【视频 12】轨道中,使其开始处与编辑标识线对齐;调整时间为 00:00:12:20,拖动【图 05】的结束处与编辑标识线对齐;确定【图 05】被选中的情况下,调整当前时间为 00:00:11:06,设置【透明度】为 0%;调整时间为 00:00:11:09,设置【透明度】为 100%。

⑭ 将【图 06】字幕拖至【图 05】的结束处,设置其结束点为 00:00:14:11;为"图 05"和"图 06"之间添加【附加叠化】切换效果,并将其持续时间改为 00:00:00:20。

⑮ 将【图 07】字幕拖至【图 06】的结束处,设置其结束点为 00:00:16:01;为"图 06"和"图 07"之间添加【附加叠化】切换效果,并将其持续时间改为 00:00:00:20,此时【时间线】面板如图 5-114 所示。

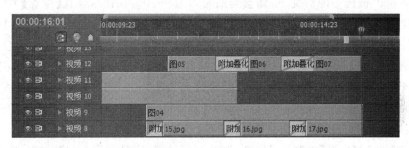

图 5-114 【时间线】面板的【视频 12】轨道

⑯ 将时间设置为 00:00:10:17,将【文字 02】字幕拖入【视频 13】轨道中,使其开始处与编辑标识线对齐,结束处与【图 07】结束处对齐。

⑰ 将时间设置为 00:00:07:23,将"对称光.avi"素材文件拖入【视频 14】轨道中,使其开始处与编辑标识线对齐;右击,选择【适配为当前画面大小】命令。

⑱ 设置"对称光.avi"的【缩放比例】为 114%,【混合模式】为滤色。

(13) 制作渐变效果。

① 将时间设置为 00:00:16:02,将"渐变 02.psd"拖入【视频 4】轨道中,使其开始处与编辑标识线对齐,结束处与 00:00:18:11 对齐。

② 调整时间为 00:00:17:03,设置【位置】为(461,−350)并添加关键帧,【旋转】为 −90°,【透明度】为 60%,并取消其关键帧记录;调整时间为 00:00:18:07,设置【位置】为 (461,834),如图 5-115 所示。

③ 将"渐变 01.psd"文件拖入【视频 5】轨道,设置其开始和结束处与"渐变 02.psd"对

图 5-115　设置关键帧

齐；确定"渐变 01. psd"被选中的情况下，调整当前时间为 00：00：17：03，设置【位置】为
(263,830)并添加关键帧，【旋转】设置为 90°，取消透明度关键帧，设置【透明度】为 60%；调
整时间为 00：00：18：07，设置【位置】为(263,−360)。

④ 将"渐变 02. psd"文件拖入【视频 6】轨道，设置其开始和结束处与"渐变 01. psd"对
齐；确定"渐变 02. psd"被选中的情况下，调整时间为 00：00：16：02，设置【位置】为(−393,
146)并添加关键帧，【旋转】为 180°，【透明度】为 60%并取消关键帧记录；调整当前时间为
00：00：18：01，设置【位置】为(1107,146)。

⑤ 将"渐变 01. psd"拖入【视频 7】轨道，设置其开始和结束处与"渐变 02. psd"对齐；确
定"渐变 01. psd"被选中的情况下，调整当前时间为 00：00：16：02，设置【位置】为(1109,320)
并添加关键帧，取消透明度关键帧，设置【透明度】为 60%；调整时间为 00：00：18：01，设置
【位置】为(−395,320)。

(14) 将【图 08】拖至【视频 8】轨道，调整其开始、结束处与"渐变 01. psd"对齐；将
【图 09】拖至【视频 9】轨道，调整其开始、结束处与"渐变 01. psd"对齐；选中【图 09】，添加
【基本 3D】特效，调整时间为 00：00：17：06，为【基本 3D】选项下的【旋转】添加关键帧；调整
时间为 00：00：18：07，设置【基本 3D】选项下的【旋转】为 180°。

(15) 将【图 10】拖至【视频 10】轨道，调整其开始、结束处与【图 09】对齐；选中【图 10】，
添加【基本 3D】特效，调整时间为 00：00：16：18，为【基本 3D】选项下的【旋转】添加关键帧；
调整时间为 00：00：17：06，设置【基本 3D】下的【旋转】为 180°；调整时间为 00：00：18：02，添
加一处透明度关键帧；调整时间为 00：00：18：03，设置【透明度】为 0%，如图 5-116 所示。

图 5-116　【图 10】字幕的关键帧设置

（16）将【图 11】拖至【视频 11】轨道，调整其开始、结束处与【图 10】对齐；选中【图 11】，添加【基本 3D】特效，调整时间为 00：00：16：02，为【基本 3D】选项下的【旋转】添加关键帧，并设置其值为－180°；调整时间为 00：00：16：18，设置【基本 3D】选项下的【旋转】为 0°；调整时间为 00：00：17：05，添加一处透明度关键帧；调整时间为 00：00：17：06，设置【透明度】为 0％。

（17）将"28.jpg"文件拖至【视频 11】轨道中【图 11】的结束处，并设置"28.jpg"的结束处与 00：00：20：04 对齐；右击，选择【适配为当前画面大小】命令，设置"28.jpg"的【位置】为（360，280），【缩放比例】为 139％。

（18）将"29.jpg"文件拖至【视频 11】轨道中"28.jpg"的结束处，并设置"29.jpg"的结束处与 00：00：21：21 对齐；右击，选择【适配为当前画面大小】命令，设置"29.jpg"的【位置】为（360，260），【缩放比例】为 137％，并为"28.jpg"和"29.jpg"之间添加【视频切换】→【擦除】→【棋盘】切换效果。

（19）将"30.jpg"文件拖至【视频 11】轨道中"29.jpg"的结束处，并设置"30.jpg"的结束处与 00：00：23：14 对齐；右击，选择【适配为当前画面大小】命令，设置"30.jpg"的【位置】为（360，260），【缩放比例】为 137％，并为"29.jpg"和"30.jpg"之间添加【棋盘】切换效果。

（20）将"31.jpg"文件拖至【视频 11】轨道中"30.jpg"的结束处，并设置"31.jpg"的结束处与 00：00：25：07 对齐；右击，选择【适配为当前画面大小】命令，设置"31.jpg"的【位置】为（360，260），【缩放比例】为 137％，并为"30.jpg"和"31.jpg"之间添加【棋盘】切换效果。

（21）时间设置为 00：00：18：11，将"光.avi"文件拖至【视频 12】轨道中，调整持续时间使其结束处与"31.jpg"的结束处对齐；选中"光.avi"，设置【透明度】选项下的【透明度】为 60％，【混合模式】为滤色。

（22）将"花瓣飞舞.avi"文件拖至【视频 13】轨道中，调整持续时间使其开始处、结束处分别与"光.avi"的开始处、结束处对齐；选中"花瓣飞舞.avi"，设置【透明度】选项下的【混合模式】为滤色。

（23）设置当前时间为 00：00：19：19，拖动【文字 03】至【视频 14】轨道中，使其开始处与编辑标识线对齐，结束处与"花瓣飞舞.avi"的结束处对齐；为【文字 03】添加【定向模糊】特效；调整时间为 00：00：19：19，设置【定向模糊】的【模糊长度】为 60 并添加关键帧；调整时间为 00：00：22：17，设置【模糊长度】为 0。

（24）设置当前时间为 00：00：24：18，拖动"32.jpg"文件至【视频 2】轨道中，使其开始处与编辑标识线对齐，结束处与 00：00：29：04 对齐；右击，选择【适配为当前画面大小】命令，设置【缩放比例】为 104％。

（25）设置当前时间为 00：00：25：04，拖动【图 12】至【视频 3】轨道中，使其开始处与编辑标识线对齐，结束处与 00：00：28：09 对齐；调整时间为 00：00：25：04，设置【位置】为（－256，240）并添加关键帧；调整时间为 00：00：26：06，设置【位置】为（364，235）；调整时间为 00：00：27：11，为【位置】添加一处关键帧；调整时间为 00：00：27：23，设置【位置】为（437，170）。

（26）设置当前时间为 00：00：26：01，拖动【图 13】至【视频 4】轨道中，使其开始处与编辑标识线对齐，结束处与【图 12】结束处对齐，设置【透明度】为 0％；调整时间为 00：00：26：08，设置【透明度】为100%；调整时间为00:00:26:14,设置【位置】为(305,290)并添加关键帧；调整时间为00:00:27:11,设置【位置】为(305,290)。

(27) 设置当前时间为00:00:26:12,拖动【图14】至【视频5】轨道中,使其开始处与编辑标识线对齐,结束处与【图13】结束处对齐,设置【位置】为(1063,290)并记录关键帧。调整时间为00:00:27:02,设置【位置】为(506,290);调整时间为00:00:27:11,设置【位置】为(506,290);调整时间为00:00:27:23,设置【位置】为(436,360)。

(28) 设置当前时间为00:00:28:00,拖动"36.jpg"文件至【视频6】轨道中,使其开始处与编辑标识线对齐;设置【缩放比例】为200%,【透明度】为0%,并分别为【位置】和【缩放比例】记录关键帧;调整时间为00:00:29:05,设置【位置】为(360,316),【缩放比例】为65%,【透明度】为100%;为"36.jpg"添加【高斯模糊】特效,调整时间为00:00:30:02,为【模糊度】记录关键帧;调整时间为00:00:31:00,设置【模糊度】为60;为"36.jpg"的开始处添加【交叉叠化(标准)】切换效果,并设置持续时间为10帧。

(29) 设置当前时间为00:00:28:00,将"星光.avi"文件拖至【视频7】轨道,右击,选择【适配当前画面大小】命令,将其持续时间改为5秒;设置【缩放比例】为113%,【混合模式】为变亮。

(30) 设置当前时间为00:00:26:12,拖动【文字04】至【视频8】轨道中,使其开始处与编辑标识线对齐,结束处与00:00:28:22对齐,如图5-117所示;调整时间为00:00:26:12,设置【位置】为(360,−227)并记录关键帧;调整时间为00:00:27:04,设置【位置】为(360,240);调整时间为00:00:28:15,添加一处透明度关键帧;调整时间为00:00:28:21,设置【透明度】为0%。

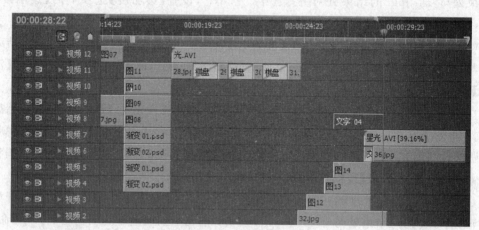

图 5-117　添加【文字 04】

(31) 设置当前时间为00:00:28:22,拖动"对称光.avi"文件至【视频9】轨道中,使其开始处与编辑标识线对齐,结束处与"星光.avi"的结束处对齐,如图5-118所示;右击,选择【适配为当前画面大小】命令,设置【缩放比例】为119%,【混合模式】为滤色。

(32) 激活【时间线】面板,选择【文件】→【导出】→【媒体】,在弹出的【导出设置】对话框中选择视频格式和导出路径,确定后在【媒体编码器】对话框中单击【开始队列】按钮导出视频。

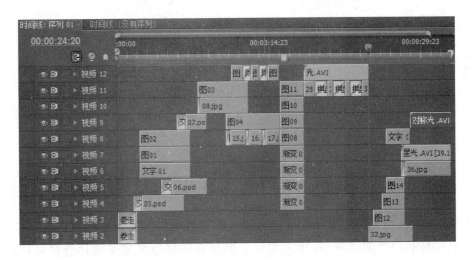

图 5-118　【时间线】面板

说明：本例题素材较多,可以在【项目】面板中新建多个文件夹,将字幕、图片进行分类管理。

第6章 视频后期制作与合成

本章相关知识

After Effects 简称 AE,是 Adobe 公司开发的视频剪辑与设计软件。它是动态影像制作设计不可或缺的辅助工具,是用于视频后期合成处理的专业非线性编辑软件。After Effects 应用范围广泛,涵盖影片、电影、广告、多媒体以及网页等,一些目前最流行的电脑游戏均使用它进行合成制作。After Effects 涵盖影视特效制作中常见的文字特效、粒子特效、光效、仿真特效以及高级特效等,具有其他视频编辑软件不可比拟的功能。其主要功能包括以下几个方面。

1. 高质量的视频

After Effects 支持从 4×4 像素到 30000×30000 像素的分辨率,包括高清晰度电视(HDTV)。

2. 多层剪辑

无限层电影和静态画面的成熟合成技术,使 After Effects 可以实现电影与静态画面无缝合成。

3. 高效的关键帧编辑

在 After Effects 中,关键帧支持具有所有层属性的动画,After Effects 可以自动处理关键帧之间的变化。

4. 无与伦比的准确性

After Effects 可以精确到一个像素点的千分之六,可以准确地定位动画。

5. 强大的特技控制

After Effects 使用几百种插件修饰增强图像效果和动画控制。

6. 同其他 Adobe 软件无缝结合

After Effects 在导入 Photoshop 和 Illustrator 软件时,可以保留层信息。

7. 高效的渲染效果

After Effects 可以执行一个合成在不同尺寸大小上的多种渲染,或者执行一组任何数量合成的不同渲染。

实验一　动漫场景特效合成

一、实验目的

• 熟悉 After Effects CS4 的工作界面。

- 掌握合成的概念及将各分镜头合成影片的具体方法。
- 掌握图像色彩调节的几种方式。
- 熟练掌握色彩渐变映射特效与曲线的参数设置及使用方法。
- 掌握 CC 粒子仿真世界与闪电特效各常用参数的意义及设置。

二、实验环境

- 硬件要求：微处理器 Intel Core 2，内存 2GB 以上。
- 运行环境：Windows 7/8。
- 应用软件：After Effects CS4。

三、实验内容与要求

（一）制作魔法火焰的效果，其中几帧效果如图 6-1 所示。

图 6-1　魔法火焰

（二）制作闪电效果，其中几帧效果如图 6-2 所示。

图 6-2　闪电效果

视频后期制作与合成

四、实验步骤与指导

（一）制作魔法火焰动画。

本例考查 CC 粒子仿真世界特效、色彩渐变映射特效的应用及蒙版工具的使用。

（1）制作烟火合成。

① 打开【项目】面板，单击【新建合成】按钮，如图 6-3 所示；在弹出的【合成设置】对话框中将合成名称命为【烟火】，其他参数设置如图 6-4 所示。

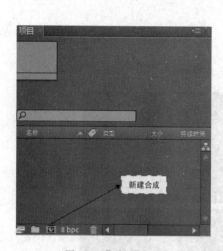

图 6-3 【项目】面板

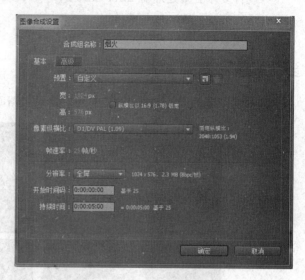

图 6-4 合成设置

② 选择【文件】→【导入】→【文件】命令，导入素材中的两幅图片。

③ 在【时间线】面板中右击，选择【新建】→【固态层】命令，打开【固态层设置】对话框，设置颜色为白色，如图 6-5 所示；然后在工具栏中选择【矩形遮罩工具】，如图 6-6 所示，绘制一个矩形蒙版，效果如图 6-7 所示。

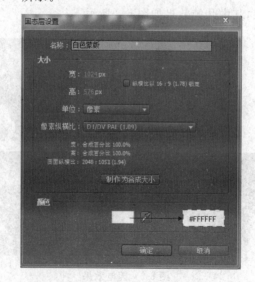

图 6-5 固态层设置

图 6-6　工具栏

图 6-7　绘制蒙版

④ 在【项目】面板中选择"烟雾.jpg"，将其拖入【时间线】面板中，选择【白色蒙版】图层，设置其【轨道蒙版】为亮度反转蒙版"烟雾.jpg"，如图 6-8 所示。

图 6-8　在【时间线】面板中添加素材

注意：如果【轨道蒙版】不可见，可以单击【时间线】面板下方的【切换开关/模式】按钮切换显示模式。

⑤ 如果此时烟雾没有完全显示，展开【白色蒙版】层下方的【遮罩】选项栏，通过调整【位置】和【比例】调整遮罩的尺寸，如图 6-9 所示，即可使烟雾完全显示出来，效果如图 6-10 所示。

（2）制作中心光合成。

① 新建合成组【中心光】，大小为 1024px×576px，帧速率为 25 帧/秒，持续时间为 5 秒。

② 新建固态层，命名为【粒子】，大小为 1024px×576px，颜色为黑色。

说明：选中固态层，选择【图层】→【固态层设置】命令，修改尺寸、颜色等。

③ 在【时间线】面板中选中并右击【粒子】层，选择【效果】→【模拟仿真】→【CC 粒子仿真世界】命令，为其添加 CC 粒子仿真世界特效；然后打开【特效控制台】面板，设置【网格】关、

视频后期制作与合成

图 6-9　调整遮罩的参数

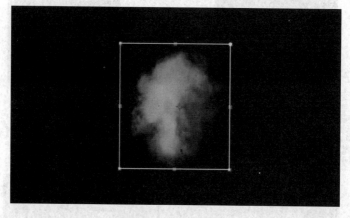

图 6-10　烟雾效果图

【产生率】1.5、【寿命】1.5；展开【产生点】选项栏，设置【半径 X】为 0,【半径 Y】为 0.215,【半径 Z】为 0,如图 6-11 所示；将时间线拖至 1 秒处,效果如图 6-12 所示。

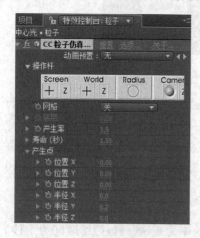

图 6-11　产生点参数设置

图 6-12　1 秒时的粒子效果图

说明：【产生率】表示粒子开始的速率；【寿命】指每个粒子的持续时间。

④ 展开【物理性】选项栏,设置【动画】为旋转,【速率】为 0.07,【重力】为-0.05,【额外】为 0,【额外角度】为 180°,如图 6-13 所示,效果如图 6-14 所示。

说明：【速率】表示粒子的喷射速度；【重力】表示为粒子指定一个重力，使粒子最终落地，这里设置为负值，使其有上飘的感觉；【额外】表示添加一些速度为随机值的粒子。

图 6-13　物理性参数设置

⑤ 展开【粒子】选项栏，设置【粒子类型】为三角形，【产生大小】为 0.053，【消逝大小】为 0.086，效果如图 6-15 所示。

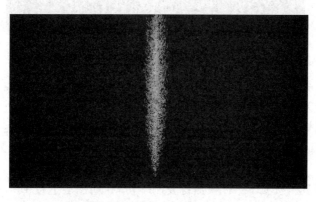

图 6-14　效果图

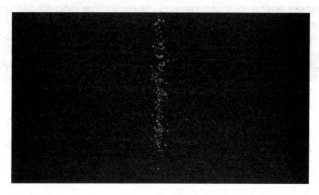

图 6-15　画面效果

⑥ 新建固态层，命名为【中心亮棒】，设置尺寸为 1024px × 576px，颜色为橙色（♯FFB14C）；在该层使用工具栏中的【钢笔工具】绘制一个蒙版，然后展开【遮罩】选项栏，设置【遮罩羽化】为 21 像素，如图 6-16 所示，效果如图 6-17 所示。

图 6-16　设置羽化值

图 6-17　画面效果

注意：绘制完毕后可以使用【钢笔工具】同时按住 Ctrl 键进行修改。

（3）制作爆炸光合成。

① 新建合成【爆炸光】，大小为 1024px×576px，帧速率为 25 帧/秒，持续时间为 5 秒。

② 在【项目】面板中选中素材中的【背景】图片，将其拖动到【爆炸光】合成的【时间线】面板中。

③ 选中【背景】层，按 Ctrl+D 快捷键复制一份，在新图层上按 Enter 键后对其重命名，设置【模式】为【添加】，如图 6-18 所示，使发现场景变亮。

图 6-18　复制层的模式

④ 选中并右击【背景粒子】层，选择【效果】→【模拟仿真】→【CC 粒子仿真世界】命令，为其添加 CC 粒子仿真世界特效；打开【特效控制台】面板，设置【网格】关，【产生率】为 0.2，【寿命】为 0.5；展开【产生点】选项栏，设置【位置 X】为 −0.07，【位置 Y】为 0.11，【半径 X】为 0.155，【半径 Z】为 0.115，效果如图 6-19 所示。

图 6-19　效果图

⑤ 展开【物理性】选项栏,设置【动画】为爆炸,【速率】为0.37,【重力】为0.05。

⑥ 展开【粒子】选项栏,设置【粒子类型】为【凸透镜】,【产生大小】为0.641,【消逝大小】为0.702,效果如图6-20所示。

图6-20　效果图

⑦ 选中并右击【背景粒子】图层,选择【效果】→【色彩校正】→【曲线】命令,打开【特效控制台】面板,调整曲线形状,如图6-21所示。

说明:可以单击【特效控制台】面板的【隐藏/显示特效】按钮观察添加特效前后的对比。

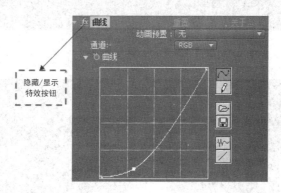

图6-21　调整曲线形状

⑧ 在【项目】面板中选择【中心光】合成,将其拖到【爆炸光】合成的【时间线】面板中,并设置为【添加】模式,如图6-22所示;此时发现【中心光】的位置发生了偏移,在【时间线】面板中展开"中心光"图层,在【变换】选项栏中修改【位置】属性,如图6-23所示。

图6-22　添加合成

说明:调整坐标位置也可以在选中【中心光】图层后,在【合成】面板中使用鼠标直接拖动。

图 6-23　调整位置

⑨ 在【项目】面板中选择【烟火】合成,将其拖到"爆炸光"合成的【时间线】面板中,并设置为【添加】模式,如图 6-24 所示;在【时间线】面板中展开【烟火】图层,在【变换】选项栏中调整它的【位置】为(463,381),此时画面效果如图 6-25 所示。

图 6-24　设置模式

图 6-25　画面效果

⑩ 选中【烟火】图层,为其添加 CC 粒子仿真世界特效,在【特效控制台】面板中完成如下设置。

a. 关闭网格,设置【产生率】为 5,【寿命】为 0.73;展开【产生点】选项栏,设置【半径 X】为 1.055,【半径 Y】为 0.225,【半径 Z】为 0.605。

b. 展开【物理性】选项栏,设置【速率】为 1.4,【重力】为 0.38。

c. 展开【粒子】选项栏,设置【粒子类型】为凸透镜,【产生大小】为 3.64,【消逝大小】为

4.01,【最大透明度】为50%。

⑪ 选中【烟火】图层,在【时间线】面板中展开【变换】选项栏,调整【透明度】为50%。

⑫ 选中并右击【烟火】图层,选择【效果】→【色彩校正】→【彩色光】命令,为其添加彩色光特效;打开【特效控制台】面板,展开【输入相位】选项栏,设置【获取相位自】为Alpha通道;展开【输出循环】选项栏,设置【使用预置调色板】为负片,并将三角滑块拖至最左侧,如图6-26所示。此时将播放头拖至0:00:00:09处,画面效果如图6-27所示。

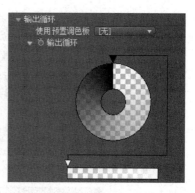

图6-26　参数设置

⑬ 选中并右击【烟火】图层,选择【效果】→【色彩校正】→【曲线】命令,为其添加曲线特效。打开【特效控制台】面板,做如下设置。

a. 调整曲线形状如图6-28所示。

图6-27　画面效果

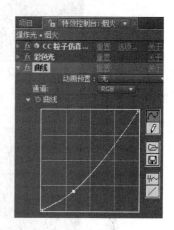

图6-28　调整曲线形状

b. 在【通道】下拉列表中选择【红】,调整曲线如图6-29(a)所示。

c. 在【通道】下拉列表中选择【绿】,调整曲线如图6-29(b)所示。

d. 在【通道】下拉列表中选择【蓝】,调整曲线如图6-29(c)所示。

e. 在【通道】下拉列表中选择Alpha,调整曲线如图6-29(d)所示。

⑭ 选中并右击【烟火】图层,选择【效果】→【模糊与锐化】→【CC矢量模糊】命令,为其添加模糊特效。打开【特效控制台】面板,设置【数量】为10。此时画面效果如图6-30所示。

⑮ 新建固态层,命名为【粒子】,大小为1024px×576px,颜色为黑色。

⑯ 为【粒子】层添加CC粒子仿真世界特效,做如下设置。

a. 关闭网格,设置【产生率】为0.5,【寿命】为0.8;展开【产生点】选项栏,设置【位置X】为0.03,【位置Y】为0.19,【半径Y】为0.325,【半径Z】为1.3。

b. 展开【物理性】选项栏,设置【动画】为旋转,【速率】为1,【重力】为-0.05,【额外角度】为170°。

c. 展开【粒子】选项栏,设置【粒子类型】为四边形,【产生大小】为0.153,【消逝大小】为0.077,【最大透明度】为75%。

视频后期制作与合成

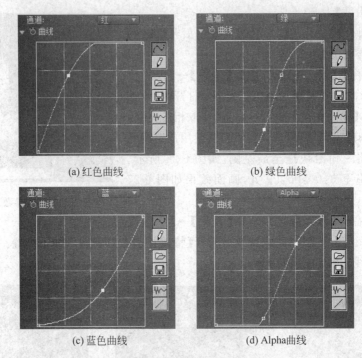

(a) 红色曲线   (b) 绿色曲线

(c) 蓝色曲线   (d) Alpha曲线

图 6-29 设置曲线特效的相关参数

图 6-30 画面效果

（4）制作总合成。

① 新建合成【总合成】，尺寸为 1024px×576px，帧速率为 25 帧/秒，持续时间为 5 秒。

② 在【项目】面板中选择素材中的【背景】图片、【爆炸光】合成，将它们拖动到【总合成】的【时间线】面板中，并将"爆炸光"的入点设置在 00：00：00：05 的位置，如图 6-31 所示。

③ 新建固态层，命名为【闪电 1】，大小为 1024px×576px，颜色为黑色；然后设置该层为添加模式，如图 6-32 所示。

④ 为【闪电 1】图层添加【效果】→【旧版本】→【闪电】特效，设置【开始点】为（640,433），【结束点】为（641,434），【分段数】为 3，【宽度】为 6，【核心宽度】为 0.32，【外边色】为

图 6-31 添加素材

图 6-32 新建固态层

#FFF607,【内边色】为#FFE400。

⑤ 选中【闪电 1】图层,调整时间为 00:00:00:00,设置【开始点】为(640,433),【分段数】为 3,并分别单击它们的码表按钮,创建关键帧,如图 6-33 所示;调整时间为 00:00:00:05,设置【开始点】为(468,407),【分段数】为 6,观察【时间线】面板的关键帧标识,如图 6-34 所示,按空格键预览效果。

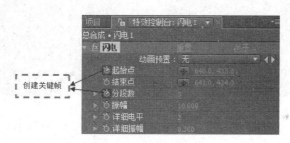

图 6-33 添加关键帧

图 6-34 【时间线】面板中的关键帧标识

⑥ 选中【闪电 1】层,按 Ctrl+D 快捷键复制图层,按 Enter 键,将新图层重命名为【闪电 2】;选中【闪电 2】,做如下设置。

a. 调整时间为 00:00:00:00,设置【透明度】为 0%,并添加关键帧;调整时间为 00:00:00:03,设置【透明度】为 100%;调整时间为 00:00:00:14,设置【透明度】为 100%;调整时间为 00:00:00:16,设置【透明度】为 0%。

b. 选中【闪电 2】图层,打开【特效控制台】面板,设置【结束点】为(588,443);调整时间为00:00:00:00,设置【开始点】为(583,448);调整时间为00:00:00:05,设置【开始点】为(467,407)。

    c. 在【时间线】面板中展开【变换】选项栏,设置【位置】为(582,386),【旋转】为58°。

    ⑦ 复制【闪电2】图层,将新层命名为【闪电3】;打开【特效控制台】面板,设置【结束点】为(599,461);调整时间为00:00:00:05,设置【开始点】为(458,398)。在【时间线】面板中展开【变换】选项栏,设置【位置】为(497,519),【旋转】为136°。

    ⑧ 复制【闪电3】图层,将新层命名为【闪电4】。打开【特效控制台】面板,设置【结束点】为(593,455);调整时间为00:00:00:05,设置【开始点】为(458,398)。在【时间线】面板中展开【变换】选项栏,设置【位置】为(493,497)、【旋转】为194°。

    ⑨ 复制【闪电4】图层,将新层命名为【闪电5】;打开【特效控制台】面板,设置【结束点】为(560,455);调整时间为00:00:00:05,设置【开始点】为(465,392);在【时间线】面板展开【变换】选项栏,设置【位置】为(355,384),【旋转】为256°,此时画面效果如图6-35所示。

图6-35　画面效果

    (5)预览效果,选择【图像合成】→【预渲染】命令,在【渲染队列】窗格中设置路径,然后单击【渲染】按钮即可输出视频文件。

    (二)制作闪电效果。

    本例考查闪电特效与镜头光晕特效的应用。

    (1)制作闪电合成。

    ① 新建合成,设置大小为1024px×576px、帧速率为25帧/秒,持续时间为5秒。

    ② 导入素材中的背景图片,并拖入【闪电】合成的【时间线】面板中,展开【变换】选项栏,调整尺寸使图片覆盖屏幕,参数设置如图6-36所示。

图6-36　设置比例

（2）制作角光。

① 新建固态层，命名为【角光】，大小为 1024px×576px，颜色为黑色。

② 选中并右击【角光】层，选择【效果】→【生成】→【镜头光晕】命令，为固态层添加镜头光晕特效。

说明：镜头光晕特效可以模拟强光照射镜头，从而在图像中产生光晕的效果。

③ 打开【特效控制台】面板，设置【光晕中心】为（-8，-2），【镜头类型】为 105mm 聚焦，效果如图 6-37 所示。

图 6-37　效果图

④ 调整时间为 00:00:00:00，设置【光晕亮度】为 186%，单击码表按钮记录关键帧；调整时间为 00:00:00:21，设置【光晕亮度】为 110%。

说明：镜头类型中共有三种透镜焦距，一是 50～300mm 变焦，用来产生光晕，并模仿太阳光的效果；二是 35mm 聚焦，只产生强烈的光，而不产生光晕；三是 105mm 聚焦，用来产生比 35mm 更强的光。

⑤ 选中并右击【角光】层，选择【效果】→【色彩校正】→【曲线】命令，为固态层添加曲线特效，然后调整曲线形状如图 6-38 所示，画面效果如图 6-39 所示。

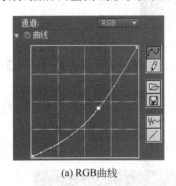 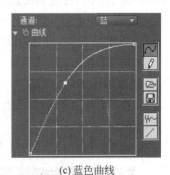

(a) RGB曲线　　　　(b) 红色曲线　　　　(c) 蓝色曲线

图 6-38　曲线特效参数设置

⑥ 选中【角光】层，设置其模式为【添加】。

（3）制作电光 1。

① 新建固态层，命名为【电光 1】，大小为 1024px×576px，颜色为黑色。

② 选中【电光 1】图层，设置图层模式为【添加】，然后选择【效果】→【旧版本】→【闪电】命令，为固态层添加闪电特效。

图 6-39　画面效果

③ 打开【特效控制台】面板,设置【起始点】为(2,-14),【分段数】为 9,【振幅】为 13,【分枝段】为 14,【核心宽度】为 0,【外边色】为♯96FFFF,【拉力】为 18。

④ 选中【电光 1】图层,将该层的入点设置在 00:00:00:14 处,如图 6-40 所示。

图 6-40　设置入点

⑤ 将时间调整为 00:00:00:14,设置【结束点】为(44,88),并单击码表按钮在当前位置添加一处关键帧;调整时间为 00:00:01:00,设置【结束点】为(140,372)。

⑥ 将时间调整为 00:00:01:11,展开【变换】选项栏,设置【透明度】为 100%,并单击码表按钮添加关键帧;将时间调整为 00:00:01:19,设置【透明度】为 20%;将时间调整为 00:00:02:08,设置【透明度】为 0%。

(4) 制作电光 2。

① 新建固态层,命名为【电光 2】,大小为 1024px×576px,颜色为黑色。

② 选中【电光 2】图层,设置图层模式为【添加】,然后选择【效果】→【旧版本】→【闪电】命令,为固态层添加闪电特效。

③ 激活【特效控制台】面板,设置【起始点】为(-10,-2),【分段数】15,【外边色】♯96FFFF。

④ 选中【电光 2】图层,将该层的入点设置在 00:00:00:14 处,如图 6-41 所示。

图 6-41　设置入点

⑤ 将时间调整为 00:00:00:14,设置【结束点】为(144,116),并单击码表按钮添加关键帧;调整时间为 00:00:01:00,设置【结束点】为(434,276)。

⑥ 将时间调整为 00:00:01:11,展开【变换】选项栏,设置【透明度】为 100%,并单击码表按钮添加关键帧;将时间调整为 00:00:01:19,设置【透明度】为 20%;将时间调整为 00:00:02:08,设置【透明度】为 0%。此时画面效果如图 6-42 所示。

图 6-42　画面效果

⑦ 新建固态层,命名为【白光】,大小为 1024px×576px,颜色为白色。

⑧ 在【白光】层上使用【钢笔工具】绘制闭合蒙版,如图 6-43 所示;在【时间线】面板中展开【遮罩】选项栏,设置【遮罩羽化】为 115。

图 6-43　绘制闭合蒙版

⑨ 选中【白光】层,选择【效果】→【风格化】→【辉光】命令,为白光层添加发光效果。

⑩ 修改【白光】层模式为【添加】,画面效果如图 6-44 所示。

(5) 制作电光 3。

① 新建固态层,命名为【电光 3】,大小为 1024px×576px,颜色为黑色。

② 选中【电光 3】图层,设置图层模式为【添加】,然后选择【效果】→【旧版本】→【闪电】命令,为该层添加闪电特效。

图 6-44　画面效果

③ 激活【特效控制台】面板，设置【起始点】为(304,592)，【分段数】为 17，【振幅】为 8.8，【外边色】♯96FFFF。

④ 选中【电光 3】图层，将该层的入点设置在 00:00:02:05 处。

⑤ 将时间调整为 00:00:02:05，设置【结束点】为(220,594)，并单击码表按钮添加关键帧；调整时间为 00:00:02:07，设置【结束点】为(170,−19)。

⑥ 将时间调整为 00:00:03:00，展开【变换】选项栏，设置【透明度】为 100%，并单击码表按钮添加关键帧；将时间调整为 00:00:03:17，设置【透明度】为 0%。

(6) 按小键盘上的 0 键预览效果。选择【图像合成】→【预渲染】命令，在窗口下方的【渲染队列】窗格中设置路径，然后单击【渲染】按钮输出视频。

实验二　影视烟雾特效合成

一、实验目的

- 熟悉照明灯光层的添加与设置方法。
- 了解 Particular 特效常用参数的意义及该特效的灵活应用。
- 掌握遮罩的原理及其在视频处理中的应用。
- 熟练掌握碎片特效的使用。

二、实验环境

- 硬件要求：微处理器 Intel Core 2，内存 2GB 以上。
- 运行环境：Windows 7/8。
- 应用软件：After Effects CS4。

三、实验内容与要求

(一) 制作飞行烟雾，其中几帧的效果如图 6-45 所示。

(二) 制作高楼倒塌效果，其中几帧的效果如图 6-46 所示。

图 6-45　飞行烟雾

图 6-46　高楼倒塌

四、实验步骤与指导

（一）制作飞行烟雾效果。

本例考查粒子特效与照明灯光层的使用。

（1）制作烟雾合成。

① 新建合成"烟雾"，大小为 300px×300px，帧速率 25 帧/秒，持续时间 3 秒。

② 导入素材中的两幅图片。

③ 打开【时间线】面板，新建固态层，命名为【叠加层】，大小为 300px×300px，颜色为白色。

④ 将素材中的"飞行烟雾_烟雾"图片拖入【时间线】面板，并设置其【比例】，如图 6-47 所示。

⑤ 选中【叠加层】，设置其【轨道蒙版】为亮度蒙版"飞行烟雾"，效果如图 6-48 所示。

237

第6章

视频后期制作与合成

图 6-47　参数设置

图 6-48　画面效果

（2）制作总合成。

① 新建合成，命名为【总合成】，大小为 1024px×576px，帧速率 25 帧/秒，持续时间为 3 秒。

② 将素材中的背景图片拖入【时间线】面板中。

③ 修改背景图片的【比例】，使其刚好覆盖舞台，效果如图 6-49 所示。

④ 选择【图层】→【新建】→【照明】命令，在弹出的【照明设置】对话框中设置相关参数，如图 6-50 所示，新建照明灯光；然后，在【时间线】面板中将背景层更改为3D 图层，如图 6-51 所示。

说明：只有将图层更改为 3D 图层后，创建的照明灯光才会有效果。

图 6-49　调整缩放比例

⑤ 将【总合成】窗口切换到【顶】视图模式，如图 6-52 所示。

⑥ 将时间调整到 00:00:00:00，选中 Emitter1 图层，展开【位置】属性，将其数值设置为(698,153,-748)，单击码表按钮添加关键帧；将时间调整到 00:00:02:24，设置【位置】为(922,464,580)。

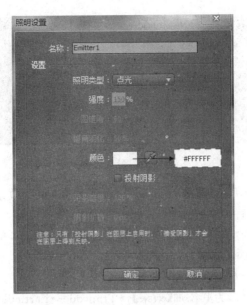

图 6-50　新建照明

图 6-51　设置为 3D 图层

图 6-52　【顶】视图模式

⑦ 选中 Emitter1 图层，按住 Alt 键的同时单击【位置】左侧的码表按钮，在【时间线】面板中输入 wiggle(0.6,150)，如图 6-53 所示。

说明：wiggle(x,y)是抖动函数，其中，x 表示每秒钟抖动的次数，y 表示每次抖动的幅度。

图 6-53　设置表达式

⑧ 将【总合成】窗口切换到【有效摄像机】视图模式,预览效果,观察照明灯光的位移情况。

⑨ 将制作的【烟雾】合成拖动至【总合成】的【时间线】面板中,单击【时间线】面板中该图层左侧的【眼睛】图标,隐藏【烟雾】层。

⑩ 新建固态层【粒子烟】,大小为 1024px×576px,颜色为黑色。

⑪ 选中【粒子烟】图层,为其添加【效果】→Trapcode→Particular 特效。

说明:Trapcode 特效组不是 AE 自带的特效,需要另外安装插件,安装时需要注意的是,该插件必须装在 AE 安装路径下的 Support Files\Plug-ins 文件夹中。

⑫ 打开【特效控制台】面板,展开 Emitter(发射器)选项栏,设置 Particular/sec(粒子数量)为 200,Emitter Type(发射类型)为 Lights(灯光),Velocity(速度)为 7,Velocity Random(随机速度)为 0,Velocity Distribution(速率分布)为 0。Velocity from Motion(粒子拖尾长度)为 0,Emitter Size X(发射器 X 轴大小)为 0,Emitter Size Y(发射器 Y 轴大小)为 0,Emitter Size Z(发射器 Z 轴大小)为 0。

⑬ 展开 Particle(粒子)选项栏,设置 Life(生存)为 3,Particle Type(粒子类型)为 Sprite(幽灵);展开 Texture(纹理)选项栏,在 Layer(层)右侧的下拉列表中选择【2. 烟雾】;将播放头调整到 1 秒位置,画面效果如图 6-54 所示。

图 6-54　画面效果

⑭ 展开 Rotation(旋转)选项栏,参数设置如图 6-55 所示。

⑮ 隐藏照明灯光层,选中【粒子烟】图层,添加【效果】→【色彩校正】→【浅色调】特效。

⑯ 打开【特效控制台】面板,设置【映射白色到】为♯D5F1F3;继续为该图层添加【曲线】

特效,并调整 RGB 曲线,如图 6-56 所示。

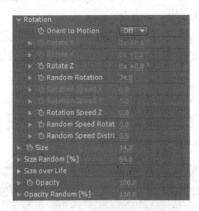

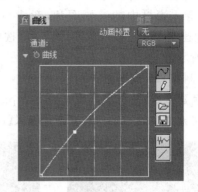

图 6-55　旋转参数设置　　　　　　　　图 6-56　调整曲线形状

⑰ 选中 Emitter1 图层,按 Ctrl+D 快捷键复制得到新层 Emitter2。将【总合成】的视图方式切换为【顶】,隐藏 Emitter1,选中 Emitter2,调整其位置,如图 6-57 所示。

⑱ 选中 Emitter2 层,按 Ctrl+D 快捷键复制得到新层 Emitter3;隐藏 Emitter2,调整Emitter3 的位置,如图 6-58 所示。

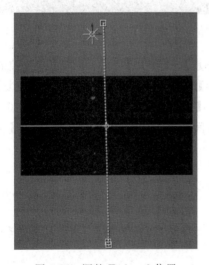

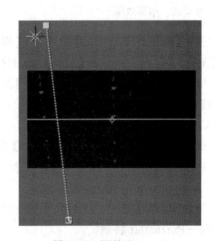

图 6-57　调整 Emitter2 位置　　　　　　图 6-58　调整 Emitter3

(3) 隐藏照明灯光层,如图 6-59 所示,预览效果并渲染输出。

图 6-59　隐藏图层

（二）制作高楼倒塌的效果。

本例考查碎片特效与 Particular 粒子特效的应用。

（1）导入素材中的三幅图片，新建一个合成，命名为【烟雾】。设置尺寸为 300px×300px，帧速率 25 帧/秒，持续时间 5 秒，按照本实验案例（一）讲述的方法制作烟雾效果，如图 6-60 所示。

（2）制作总合成。

① 新建合成【总合成】，尺寸为 1024px×576px，帧速率 25 帧/秒，持续时间 5 秒。

② 将素材中的背景和高楼图片拖入【时间线】面板，效果如图 6-61 所示。

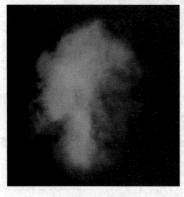

图 6-60 烟雾效果

图 6-61 画面效果

③ 选中【高楼】图层，添加【效果】→【模拟仿真】→【碎片】特效；激活【特效控制台】面板，在【查看】下拉列表中选择【渲染】；展开【外形】选项栏，设置【图案】为玻璃，【反复】为 50。

④ 展开【焦点 1】选项栏，设置【半径】为 0.2，【强度】为 3；将时间调整至 00：00：00：00 处，设置【位置】为（781,49）并添加关键帧；将时间调整至 00：00：00：23 处，设置【位置】为（781,435）。

⑤ 展开【物理性】选项栏，设置【重力】为 8。

⑥ 将【项目】面板中的【烟雾】合成拖入【总合成】的【时间线】面板中，然后隐藏【烟雾】层。

⑦ 新建固态层【粒子替代】，大小为 1024px×576px，颜色为黑色，为该层添加【效果】→Trapcode→Particular 特效。

⑧ 打开【特效控制台】面板，展开 Emitter（发射器）选项栏，设置 Particular/sec（粒子数量）为 30，Emitter Type（发射类型）为 Box（盒子），Position XY（XY 轴位置）为（800,518），Emitter Size X（发射器 X 轴大小）为 396。

⑨ 展开 Particle（粒子）选项栏，设置 Life（生存）为 3，Particle Type（粒子类型）为 Sprite（幽灵）；展开 Texture（纹理）选项栏，在 Layer（层）下拉列表中选择"2.烟雾"，Size（大小）为 120，Size Random（大小随机）为 90%，Opacity（不透明度）为 25%，Opacity Random（不透明随机）为 0%。

⑩ 选中【粒子替代】层，为其添加【效果】→【色彩校正】→【浅色调】特效，并设置【映射白色到】为＃C4C4C4。

（3）按小键盘上的 0 键预览效果并渲染输出。

实验三 综合实例

一、实验目的

- 熟练掌握填充、渐变等常用特效的使用。
- 训练使用 AE 进行视频综合编辑与制作的能力。

二、实验环境

- 硬件要求：微处理器 Intel Core 2，内存 2GB 以上。
- 运行环境：Windows 7/8。
- 应用软件：After Effects CS4。

三、实验内容与要求

制作电视节目的片头，其中几帧的效果如图 6-62 所示。

图 6-62 电视节目片头

四、实验步骤与指导

本例训练使用 AE 制作复杂视频效果的综合能力。

（1）制作展板。

① 新建合成，参数设置如图 6-63 所示。

② 导入素材中的"花藤.mov"文件，拖入【时间线】面板，展开【变换】选项栏，设置【位置】、【比例】和【旋转】参数，如图 6-64 所示。

注意：在 AE 中导入 mov 视频文件，要求机器中必须事先安装 QuickTime。

244

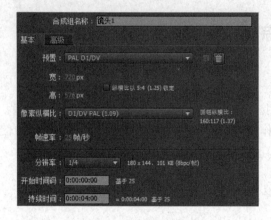

图 6-63　合成的参数设置　　　　　　　　　图 6-64　参数设置

③ 选中花藤层,为其添加【效果】→【生成】→【填充】特效;激活【特效控制台】面板,设置【颜色】为♯720505。

④ 再次拖动"花藤.mov"到【时间线】面板中,展开【变换】选项栏,设置【位置】为(494,354),【比例】为 31%,【旋转】—5°,效果如图 6-65 所示。

图 6-65　画面效果

⑤ 为其添加【填充】特效,设置【颜色】为黑色(♯000000)。

⑥ 选择【图层】→【时间】→【启动时间重置】命令,在【时间线】面板中设置 00:00:00:00 时的关键帧数值为 00:00:00:00,00:00:03:00 时的关键帧数值为 00:00:05:00,如图 6-66 所示。此时画面效果如图 6-67 所示。

图 6-66　设置 3 秒时关键帧数值为 5 秒

图 6-67　启动时间重置后的画面效果

⑦ 导入素材中的"甩点.ai"矢量图片,拖入【时间线】面板,设置其入点处为第 10 帧,如图 6-68 所示;展开【变换】选项栏,设置【位置】为(484,140),【比例】为 200%。

图 6-68　拖入"甩点"矢量图

⑧ 单击该图层【比例】左侧的码表按钮,系统自动创建关键帧,设置 10 帧时(00:00:00:10)的数值为 0%,19 帧时为 200%。

⑨ 导入素材中的"甩点 2.ai"矢量图片,拖入【时间线】面板中,设置其入点处为 10 帧;展开【变换】选项栏,设置【位置】为(602,246),【比例】为 167%;添加比例关键帧,10 帧时为 0%,23 帧时为 167%。

注意:在导入"甩点 2.ai"矢量图片时,在弹出的【导入文件】对话框中不要勾选【Illustrator/PDF/EPS 序列】复选框,如图 6-69 所示,否则将导入一段动画。

图 6-69　【导入文件】对话框

⑩ 导入素材中的"甩点 3.ai"矢量图片,拖入【时间线】面板,设置其入点处为 20 帧;展开【变换】选项栏,设置【位置】为(198,350),【比例】为 140%;添加比例关键帧,20 帧时为 0%,1 秒时为 140%。

⑪ 取消图层的选定状态,使用【矩形遮罩工具】绘制遮罩,如图 6-70 所示。

⑫ 将遮罩层的入点调整为 14 帧,设置该层的比例关键帧,14 帧时为 0%,20 帧时为 100%,如图 6-71 所示。

⑬ 导入素材中的"黑圆.ai"矢量图片,拖入【时间线】面板中;展开【变换】选项栏,设置【位置】为(486,398),【比例】为 128%;设置比例关键帧,0 帧时为 0%,5 帧时为 135%,10 帧时为 128%。

⑭ 再次导入"黑圆.ai"至【时间线】面板,设置【位置】为(198,222),【比例】为 145%;设置该层的入点为 1 帧,设置比例关键帧,0 帧时为 0%,6 帧时为 155%,11 帧时为 145%。

图 6-70　绘制遮罩

图 6-71　设置遮罩层的比例关键帧

⑮ 再次导入"黑圆.ai"至【时间线】面板,设置【位置】为(346,316),【比例】为 210%;设置该层的入点为 2 帧,设置比例关键帧,0 帧时为 0%,7 帧时为 220%,12 帧时为 210%;将播放头拖入 1 秒处,画面效果如图 6-72 所示。

图 6-72　画面效果

⑯ 导入素材中的"黑线.ai"矢量图片,拖入【时间线】面板,设置【位置】为(180,417),【比例】为 83%;设置该层的入点为 17 帧,设置位置关键帧,17 帧时数值为(180,289),2 秒 13 帧时数值为(180,417)。

⑰ 复制"黑线"图层,设置【比例】为 67%,修改位置关键帧,19 帧时为(194,328),1 秒 23 帧时数值为(194,402)。

⑱ 复制"黑线"图层,设置【比例】为 63%,修改位置关键帧,21 帧时为(208,240),2 秒 4 帧时数值为(208,318)。

⑲ 复制"黑线"图层,设置【比例】为 63%,修改位置关键帧,18 帧时为(166,310),1 秒 22 帧时数值为(166,382)。

⑳ 复制"黑线"图层,设置【比例】为 50%,修改位置关键帧,17 帧时为(148,230),1 秒 11 帧时数值为(148,346)。

㉑ 复制"黑线"图层,设置【比例】为 58%,修改位置关键帧,19 帧时为(388,296),2 秒 12 帧时数值为(388,412)。

㉒ 复制"黑线"图层,设置【比例】为 58%,修改位置关键帧,19 帧时为(378,320),2 秒 3 帧时数值为(378,420)。

㉓ 复制"黑线"图层,设置【比例】为 50%,修改位置关键帧,22 帧时为(396,338),2 秒 5 帧时数值为(396,394)。

㉔ 复制"黑线"图层,设置【比例】为 50%,修改位置关键帧,17 帧时为(406,261),1 秒 8 帧时数值为(406,386)。

㉕ 复制"黑线"图层,设置【比例】为 50%,修改位置关键帧,17 帧时为(446,340),1 秒 14 帧时数值为(446,466)。

㉖ 复制"黑线"图层,设置【比例】为 50%,修改位置关键帧,17 帧时为(458,372),1 秒 18 帧时数值为(458,438)。

㉗ 复制"黑线"图层,设置【比例】为 50%,修改位置关键帧,17 帧时为(354,299),1 秒 11 帧时数值为(354,410)。

㉘ 复制"黑线"图层,设置【比例】为 50%,修改位置关键帧,17 帧时为(370,367),1 秒 4 帧时数值为(370,420)。

㉙ 复制"黑线"图层,设置【比例】为 50%,修改位置关键帧,17 帧时为(362,367),1 秒 7 帧时数值为(362,418),画面效果如图 6-73 所示。

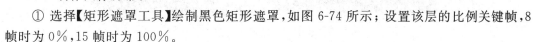

图 6-73　添加黑线后的效果图

(2)制作图像屏幕。

① 选择【矩形遮罩工具】绘制黑色矩形遮罩,如图 6-74 所示;设置该层的比例关键帧,8 帧时为 0%,15 帧时为 100%。

② 绘制白色矩形遮罩,如图 6-75 所示。

图 6-74　绘制黑色遮罩

图 6-75　绘制白色矩形遮罩

③ 导入素材中的"图 1. jpg"图片，放于遮罩图层的下一层，设置图 1 层的【位置】为 (435,306)，【轨道蒙版】为 Alpha 蒙版"形状图层 3"，如图 6-76 所示，画面效果如图 6-77 所示。

图 6-76　设置图 1 的轨道蒙版　　　　　　　　　　　图 6-77　画面效果

④ 设置图 1 层的比例关键帧，18 帧时为 0％，1 秒 8 帧时为 150％，4 秒时为 100％。

⑤ 复制【形状图层 3】（即白色遮罩层），导入素材中的"图 2. jpg"，拖入【时间线】面板，设置该层为【叠加】模式，【轨道蒙版】为 Alpha 蒙版"形状图层 4"，如图 6-78 所示，效果如图 6-79 所示。

图 6-78　设置图 2 层

⑥ 选中图 2 层，设置【位置】为 (288,426)，【旋转】为 24°；然后设置该层的【透明度】关键帧，1 秒 12 帧时为 0％，2 秒 11 帧时为 100％；最后两次设置比例关键帧，1 秒 12 帧时为 (41％, 89％)，2 秒 时 为 (83％, 181％)，4 秒 时 为 (310％,672％)。

⑦ 复制"形状图层 4"（即白色遮罩层），导入素材中的"图 3. jpg"，并拖入【时间线】面板中的"形状图层 4"图层下方；设置该层为【叠加】模式，【轨道蒙版】为 Alpha 蒙版"形状图层 5"，【位置】为(1600,246)，【旋转】33°；最后设置比例关键帧，1 秒 12 帧时为 0％，3 秒 24 帧时为 1120％，效果如图 6-80 所示。

图 6-79　画面效果

图 6-80　1 秒、2 秒、4 秒时的画面效果

⑧ 选中"图 3"层,添加【效果】→【键控】→【颜色键】特效,设置【键颜色】关键帧,1 秒 12 帧时为＃FF0000,2 秒 11 帧时为＃FFFFFF,3 秒 24 帧时为＃FFFF00。

⑨ 激活【项目】面板,选中【镜头 1】合成,按 Ctrl＋D 快捷键复制得到"镜头 2"合成;打开【镜头 2】合成,导入素材中的"图 4.jpg",拖入【时间线】面板,使用图 4 取代图 1,设置【位置】为(394,338),如图 6-81 所示。

图 6-81　用图 4 代替图 1

⑩ 设置图 4 层的【比例】关键帧,18 帧时为 0％,1 秒 8 帧时为 150％,4 秒时为 100％。

⑪ 导入素材中的"花藤 2.mov",打开该层的三维属性,展开【变换】选项栏,参数设置如图 6-82 所示。

图 6-82　花藤 2 参数设置

⑫ 选中花藤 2 图层,选择【图层】→【时间】→【启动时间重置】命令,在【时间线】面板中设置 1 秒 8 帧时的关键帧数值为 2 秒 14 帧,3 秒 24 帧时的关键帧数值为 3 秒 18 帧;设置该图层的模式为【叠加】,选择【效果】→【生成】→【填充】命令为其填充红色。

⑬ 导入素材中的"图 5.jpg",用图 5 替代图 2,设置图 5 的【比例】为 73％,【旋转】34°,模

式为【柔光】,如图 6-83 所示;为该层添加【效果】→【键控】→【颜色键】特效,设置【键颜色】为白色;继续为该层添加【效果】→【模糊与锐化】→【高斯模糊】特效,设置【模糊量】为 11。

图 6-83　拖入图 5

⑭ 选中图 5 层,设置位置关键帧,1 秒 16 帧时为(221,278),3 秒 24 帧时为(495,205);然后设置透明度关键帧,1 秒 8 帧时为 0%,2 秒 6 帧时为 100%。

⑮ 删除"形状图层 5"和"图 3.jpg"。

图 6-84　画面效果

(3) 制作【镜头 3】合成。

① 新建合成,命名为【镜头 3】,选择预设为 PAL D1/DV,持续时间 4 秒。

② 将"花藤.mov"拖入【时间线】面板,设置【位置】为(138,50),【比例】为 25%,【旋转】为 -276°;按空格键预览,效果如图 6-84 所示。

③ 为该层添加【效果】→【生成】→【填充】特效,设置【颜色】为#720505。

④ 导入素材"甩点.ai",拖入【时间线】面板,设置【位置】为(362,346),【旋转】为 214°;然后设置【比例】关键帧,10 帧时为 0%,19 帧时为 200%。

⑤ 导入素材"甩点 2.ai",拖入【时间线】面板,设置【位置】为(412,214);然后设置比例关键帧,10 帧时为 0%,23 帧时为 167%。

⑥ 导入素材"甩点 3.ai",拖入【时间线】面板,设置【位置】为(104,414);然后设置比例关键帧,19 帧时为 0%,1 秒时为 140%。

⑦ 导入素材"黑圆.ai",拖入【时间线】面板,设置【位置】为(152,412);然后设置比例关键帧,0 帧时为 0%,5 帧时为 135%,10 帧时为 128%,如图 6-85 所示。

⑧ 按 Ctrl+D 快捷键复制黑圆层,设置新图层的【位置】为(276,120)。

⑨ 复制黑圆层,设置新图层的【位置】为(340,122);修改比例关键帧,0 帧时为 0%,6 帧时为 155%,11 帧时为 145%。

⑩ 复制黑圆层,设置新图层的【位置】为(238,270);修改比例关键帧,2 帧时为 0%,7 帧时为 220%,12 帧时为 210%;将时间调至 3 秒处,画面效果如图 6-86 所示。

⑪ 取消对图层的选定状态,选择【矩形遮罩工具】,设置【填充】为#FF0000,绘制红色

遮罩,如图 6-87 所示。

图 6-85　设置黑圆层

图 6-86　时间调整到 3 秒时的效果图

图 6-87　绘制红色遮罩

⑫ 设置【形状图层 1】的入点为 14 帧,设置比例关键帧,14 帧时为 0%,20 帧时为 100%。

⑬ 导入素材"黑线.ai",拖入【时间线】面板,将入点修改为 17 帧,设置【位置】为(244, 262),【比例】为 83%;然后设置位置关键帧,17 帧时为(244,262),2 秒 13 帧时为(244,519)。

⑭ 复制黑线层 12 次,设置各个副本图层的位置关键帧,使黑线参差不齐地出现,如图 6-88 所示。

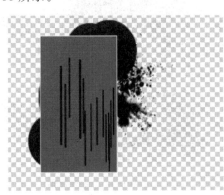

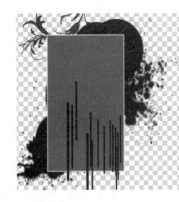

图 6-88　复制黑线层

⑮ 取消图层的选定状态,选择【矩形遮罩工具】,设置【填充】为♯000000,绘制黑色遮罩,如图 6-89 所示。

⑯ 设置【形状图层 2】的入点为 8 帧,设置比例关键帧,8 帧时为 0%,15 帧时为 100%。

⑰ 取消对图层的选定状态,选择【矩形遮罩工具】,设置【填充】为♯FFFFFF,绘制白色遮罩,如图 6-90 所示。

图 6-89　绘制黑色遮罩

图 6-90　绘制白色遮罩

⑱ 导入素材"图 6.jpg",拖入【时间线】面板,设置其【位置】为(405,284),【轨道蒙版】为 Alpha 蒙版"形状图层 3",如图 6-91 所示,画面效果如图 6-92 所示。

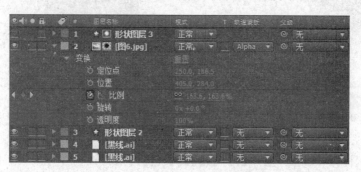

图 6-91　拖动图 6 至【时间线】面板

⑲ 设置图 6 层的比例关键帧,18 帧时为 0%,1 秒 8 帧时为 190%,3 秒 24 帧时为 130%。

⑳ 复制【形状图层 3】,将素材"图 7.jpg"拖至【形状图层 4】的下一层,设置【位置】为(250,230),【轨道蒙版】为 Alpha 蒙版"形状图层 4";然后设置比例关键帧,1 秒 8 帧时为 0%,3 秒时为 126%;最后设置该层的模式为【柔光】。

㉑ 选中图 7 层,添加【效果】→【键控】→【颜色键】特效,参数设置如图 6-93 所示。

㉒ 导入素材"图 8.jpg"并拖至【时间线】面板中最上层,设置【位置】为(258,400),模式为

图 6-92　画面效果

【正片叠底】,画面效果如图 6-94 所示。

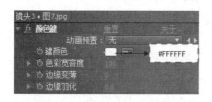

图 6-93　颜色键参数设置

图 6-94　添加图 8 后的效果

（4）制作定版。

① 新建合成【定版】,选择预设为 PAL D1/DV,持续时间 4 秒。

② 将素材"花藤.mov"拖入【时间线】面板,设置其【位置】为(500,314),【比例】为 30%,【旋转】为－45°。单击空格键预览,效果如图 6-84 所示。

③ 为该层添加【效果】→【生成】→【填充】特效,设置【颜色】为♯720505。

④ 复制"花藤"层,设置新图层的【位置】为(208,208),【比例】为 22%,【旋转】为 170°;添加【填充】特效,设置【颜色】为♯000000。

⑤ 导入素材"黑线.ai",拖入【时间线】面板,设置其【比例】为 83%;然后设置【位置】关键帧,17 帧时为(312,314),3 秒时为(312,302);最后设置【透明度】关键帧,0 秒时为 0%,1 秒 7 帧时为 100%。

⑥ 复制黑线层 14 次,设置各个图层的位置和透明度关键帧,使黑线参差不齐地出现,如图 6-95 所示。

⑦ 导入素材"甩点 2.ai"并拖至【时间线】面板,设置其【位置】为(390,264),【比例】为 220%;再次导入素材"甩点 2.ai",调整其【位置】为(447,264),【比例】为 226%,【旋转】为 22°;然后添加【填充】特效,设置【颜色】为♯720505,设置模式为【叠加】,效果如图 6-96 所示。

图 6-95　复制"黑线"

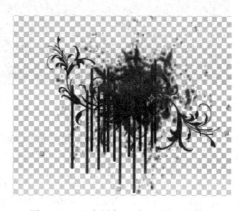

图 6-96　两次添加甩点 2 的画面效果

⑧ 导入素材"甩点.ai",调整【位置】为(292,238),【比例】为365％;导入"甩点3.ai",调整【位置】为(455,363),【比例】为162％,【旋转】为-200°。

⑨ 使用【文本工具】输入文字"音乐旅程",颜色为白色,设置文字的大小、字间距等参数,效果如图6-97所示;最后将文字层的入点调整为18帧。

(5) 制作总合成。

① 新建合成【总合成】,选择预设为PAL D1/DV,持续时间16秒。

② 新建一个白色固态层,添加【效果】→【生成】→【渐变】特效,参数设置如图6-98所示。

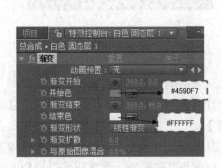

图6-97　输入文本　　　　　　　　　　　图6-98　渐变参数设置

③ 导入素材"城市.ai"并拖至【时间线】面板,设置【比例】为330％;然后设置位置关键帧,0帧时为(432,252),14秒24帧时为(290,252);最后设置透明度关键帧,12秒时为85％,14秒24帧时为100％。

④ 复制城市图层,打开图层的三维属性,修改Y轴位置为515,其他参数设置如图6-99所示,此时画面效果如图6-100所示。

图6-99　参数设置　　　　　　　　　　图6-100　复制图层后的画面效果

⑤ 为新图层添加【效果】→【过渡】→【线性擦除】特效,参数设置如图6-101所示,效果如图6-102所示。

⑥ 导入素材"女孩.mov"并拖至【时间线】面板,设置其【比例】为135％;然后设置位置关键帧,0帧时为(397,282),13帧时为(146,282),4秒时为(139,282),4秒5帧时为(-708,282)。

图 6-101　线性擦除参数设置

图 6-102　添加特效后的效果图

⑦ 为女孩图层添加【效果】→【生成】→【渐变】特效,参数设置如图 6-103 所示。

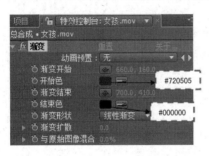

图 6-103　设置渐变参数

⑧ 将【镜头 1】合成拖入【时间线】面板,设置其入点为 13 帧,【比例】为 80%;然后设置位置关键帧,13 帧时为(502,308),20 帧时为(436,308),4 秒 5 帧时为(−411,308)。

⑨ 导入素材"男孩.mov"并拖至【时间线】面板,设置入点为 4 秒 3 帧,【位置】为(582,288);然后设置比例关键帧,4 秒 3 帧时为 0%,4 秒 8 帧时为 55%,7 秒 22 帧时为 55%,8 秒 2 帧时为 185%;最后设置透明度关键帧,7 秒 22 帧时为 100%,8 秒 2 帧时为 0%;再参考第⑦步为"男孩"图层设置类似的渐变特效。

⑩ 将【镜头 2】合成拖入【时间线】面板,设置入点为 4 秒 3 帧;打开该层的三维属性,设置【Y 轴旋转】为 180°,【位置】为(300,342,0);然后设置图层的比例关键帧,7 秒 22 帧时为 80%,8 秒 2 帧时为 700%;最后设置透明度关键帧,7 秒 22 帧时为 100%,8 秒 2 帧时为 0%。

⑪ 导入素材"女孩 2.ai"并拖至【时间线】面板,设置入点为 8 秒,出点为 12 秒,设置【位置】为(584,326),【比例】为 47%。

⑫ 选中女孩层,绘制一个矩形遮罩,如图 6-104 所示,并按上述第⑦步操作为该层设置渐变特效。

⑬ 将【镜头 3】合成拖入【时间线】面板,设置入点为 8 秒,【位置】为(364,288)。

⑭ 将素材"花藤.mov"拖入【时间线】面板,设置入点为 8 秒,出点为 12 秒;打开图层的三维属性,设置【Y 轴旋转】为 180°,【Z 轴旋转】为

图 6-104　绘制遮罩

211°,【比例】为 37%,【位置】为(678,408,0),【透明度】为 70%;然后为该层添加【填充】特效,设置【颜色】为黑色。

⑮ 拖动【定版】合成至【时间线】面板,设置入点为 12 秒,图层的模式为【强光】。

⑯ 在【时间线】面板中的空白处右击,选择命令新建黑色固态层,设置该层的入点为 11 秒 19 帧;然后设置透明度关键帧,11 秒 19 帧时为 0%,12 秒时为 10%,12 秒 13 帧时为 0%。

⑰ 导入素材"音乐.wmv"并拖入【时间线】面板,放于底层。

(6) 预览效果后渲染输出。

第7章　多媒体创作工具

本章相关知识

经过数字化处理的文本、图形图像、动画、音频和视频只是一个个独立的文件,而不是有机整体,必须使用多媒体合成工具将它们按要求连接起来,再赋予其交互功能,才能形成完整的多媒体作品。

众多的多媒体创作工具按类型可分为基于时间轴的工具(如 Action 等)、基于图标和流程线的工具(如 Authorware 等)、基于卡片和页面的工具(如 ToolBook 等)以及以传统程序设计语言为基础的工具(如 Visual C++、Visual Basic 等)。

Authorware 操作简单,程序流程明了,开发效率高,是一种基于图标和流程线的优秀多媒体开发工具,它使得具有一般水平编程能力甚至不具备编程能力的用户可以创作出一些高水平的多媒体应用软件产品,可以用来介绍一个产品的形成过程,用来显示一种信息传递的动画过程,也可以介绍软件工具的使用向导以及在线杂志、产品目录等。

Authorware 具有以下一些主要特点。

- 使用设计图标提供全面创作交互式应用程序的能力。Authorware 编制的软件具有强大的交互功能,可任意控制程序流程。另外,它还提供了许多系统变量和函数,可以根据用户响应的情况,执行特定功能。
- 具有直接编辑文本、图形处理功能。Authorware 提供了多样化的编辑工具,用户可以很自由地创建、编辑文本和图形图像。
- 具有动画创作功能。Authorware 利用图标可以很容易地创建动画、跟踪动画,确定其运动速度和位置。
- 具有 11 种交互作用的功能。在人机对话中,Authorware 提供了按键、按鼠标、限时等 11 种应答方式,并在交互式应用程序中可以使用它们的任意组合。
- 提供了模块和库功能。用户可以创建模块和库,以便在创建其他交互式应用程序时使用。Authorware 也可以将整个应用程序分成几个逻辑结构,由多人协作完成。
- 具有跨平台功能。Authorware 编制的软件除了能在其集成环境下运行外,还可以编译成扩展名为. EXE 的文件,在 Windows 系统下脱离 Authorware 制作环境运行。

实验一　Authorware 基础应用

一、实验目的

- 掌握 Authorware 7.0 的基本操作，包括新建、打开、保存文件。
- 熟悉 Authorware 7.0 的工作界面和流程线常用图标。
- 了解显示图标、等待图标与擦除图标以及移动图标的作用。
- 熟练掌握绘制图形的工具的使用方法，并能快速地绘制图形。
- 了解媒体类图标（声音、数字电影和其他媒体图标等）的使用。

二、实验环境

- 硬件要求：微处理器 Intel 奔腾 4，内存 1GB 以上。
- 运行环境：Windows 7/8。
- 应用软件：Authorware 7.0。

三、实验内容与要求

（一）制作一个流程线并保存，最终效果如图 7-1 所示。

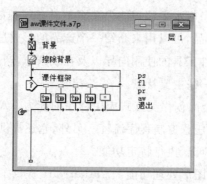

图 7-1　流程线总图

（二）制作"校园风光"电子相册，最终效果如图 7-2 所示。

图 7-2　"校园风光"电子相册图

（三）制作绘图与文字，最终效果如图 7-3 所示。

（四）添加小船移动动画，设置曲线移动效果，最终效果如图 7-4 所示。

图 7-3 "扬帆起航"界面图

图 7-4 "扬帆起航"界面图 2

四、实验步骤与指导

（一）CAI 课件流程线的制作。

本例考查在 Authorware 中制作流程线总图的基本操作方法。

（1）启动 Authorware7.0，新建文件。

注意：启动 Authorware 后，在其主界面上首先出现的窗口是 KO(Knowledge Object) 窗口（在后面的实验中将具体介绍 KO），单击 Cancel 按钮或 None 按钮跳过 KO 即可直接进入 Authorware，其主界面如图 7-5 所示。

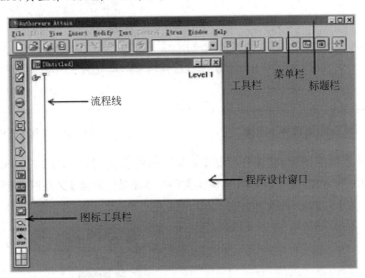

图 7-5 Authorware 主界面

（2）从图标工具栏（见图 7-6）中拖动一个显示图标到流程线上，如图 7-7 所示。

（3）系统自动命名其为"未命名"，右击图标的名称，将图标名称修改为"背景"，如图 7-8 所示。

（4）拖动一个擦除图标到【背景】显示图标的下面，并将其命名为"擦除背景"。

（5）拖动一个交互图标到【擦除背景】图标的下面，并将其命名为"课件框架"，如图 7-9 所示。

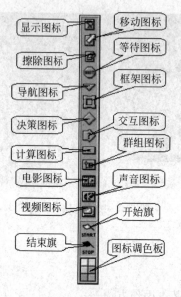

图 7-6　图标工具栏

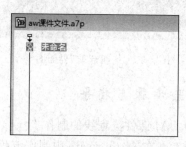

图 7-7　主流程线

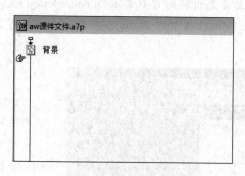

图 7-8　更改显示图标

图 7-9　制作流程线

（6）拖动一个群组图标到【课件框架】交互图标的右侧，打开如图 7-10 所示的【交互类型】对话框，选中 ○ ⊙ 按　钮 ，再单击【确定】按钮，为【课件框架】交互图标创建一个交互分支，并将其命名为 ps，如图 7-11 所示。

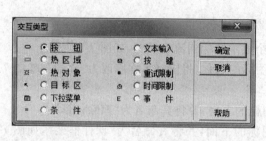

图 7-10　交互类型属性设置

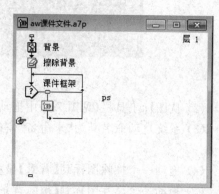

图 7-11　创建交互分支

（7）选择 ps 群组图标，按 Ctrl＋C 快捷键复制，在 ps 群组图标的右侧单击，出现手形粘贴指针，然后按三次 Ctrl＋V 快捷键，并分别为副本改名为 fl、pr 和 aw。

（8）拖动一个计算图标到 aw 群组图标的右侧，将其命名为"退出"。

注意：双击【退出】图标上方的小按钮，打开交互属性设置对话框，在【响应】选项卡的【分支】下拉列表中选择【退出交互】，其他采用默认设置，如图 7-12 所示。

图 7-12　交互类型响应属性

（9）选择【文件】→【保存】命令，保存成"aw 课件文件.a7p"。

（二）制作"校园风光"电子相册。

本例考查显示图标、擦除图标和等待图标的使用。

（1）新建一个 Authorware 文件，选择【修改】→【文件】→【属性】命令，显示【属性：文件】面板，如图 7-13 所示。在【大小】下拉列表中选择 1024×768(SVGA,Mac 17")选项，勾选【屏幕居中】复选框，取消勾选【显示菜单栏】复选框。

图 7-13　文件属性面板

（2）在流程线上放置图标，如图 7-14 所示。

图 7-14　主流程线

（3）添加【校园风光】显示图标到流程线，双击该图标打开演示窗口和【绘图】工具栏。

（4）单击【绘图】工具栏中 A 工具，在演示窗口内单击，显示缩排线，并定位插入点，如图 7-15 所示；在【文本】菜单中可更改相应的字体设置，输入文字"校园风光"。

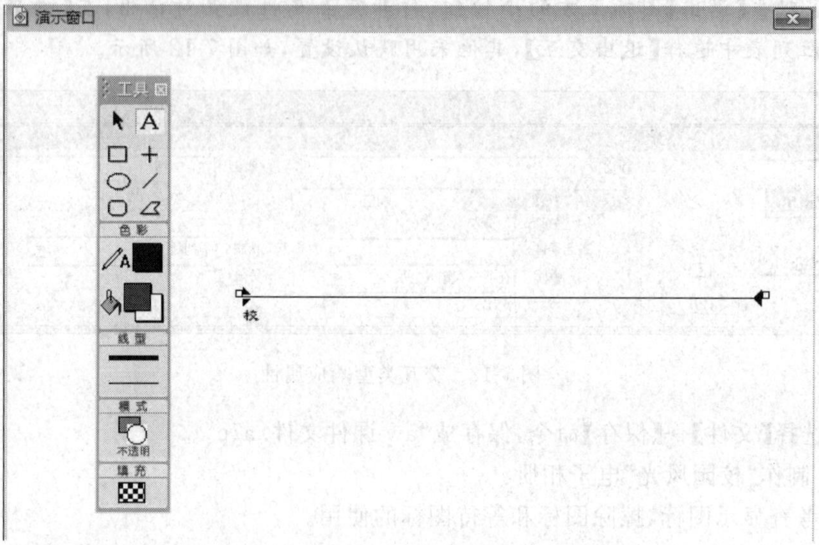

图 7-15　添入文字

（5）为 8 个显示图标分别放置不同内容。

① 【校园风光】显示图标放置文字"校园风光"，字体格式为蓝色、隶书、36 磅。

② 【磬苑校区鸣磬广场】显示图标插入图片"磬苑校区鸣磬广场.jpg"。

③ 【磬苑校区文典阁】显示图标插入图片"磬苑校区文典阁.jpg"。

④ 【磬苑校区体育场】显示图标插入图片"磬苑校区体育场.jpg"。

⑤ 【龙河校区春晖亭】显示图标插入图片"龙河校区春晖亭.jpg"。

⑥ 【龙河校区鹅池】显示图标插入图片"龙河校区鹅池.jpg"。

⑦ 【磬苑校区雪景】显示图标插入图片"磬苑校区雪景.jpg"。

⑧ 【谢谢观赏】显示图标放置任意文字或图形，加以美化。部分样张参照如图 7-16 所示。

图 7-16　参考样张

（6）在主流程线上添加【磬苑校区鸣磬广场】显示图标，双击该图标打开演示窗口。

（7）选择【插入】→【图像】命令，弹出【属性：图像】对话框，单击【导入】按钮，选择素材中的"磬苑校区鸣磬广场.jpg"文件导入。

注意：如果图片尺寸太大，可以在演示窗口中拖动图像的四周的控制点调整图像的大小和形状，也可在【属性：图像】对话框中的【版面布局】选项卡中进行设置，如图 7-17 所示。

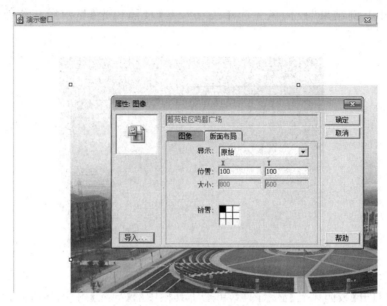

图 7-17　【属性：图像】对话框

（8）右击【磬苑校区鸣磬广场】显示图标，在快捷菜单中选择【特效】命令，弹出【特效方式】对话框，选择【以相机光圈开放】，设置周期为 2 秒。

注意：在英文状态下输入数字 2 即可快速完成该设置，单击【确定】按钮即可完成过渡效果的添加。

（9）选中【磬苑校区鸣磬广场】显示图标，在【属性：显示图标】面板中勾选【擦除以前内容】复选框。

（10）分别设置 8 个显示图标的属性，勾选【擦除以前内容】复选框，并设置不同显示特效。

（11）在主流程线上添加等待图标，并将其命名为【等待 2 秒】，属性面板设置如图 7-18 所示。【时限】设为 2 秒，要求显示倒计时。

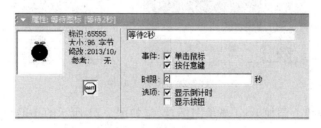

图 7-18　属性面板设置

说明：设置等待图标的不同属性，可以美化与设计电子相册。

(12) 单击工具栏上的 【运行】图标，运行一次程序。

(13) 保存文件为“校园风光简单.a7p”，观看效果。

(三) 制作小船扬帆起航的效果。

本例考查绘图工具栏的操作。

(1) 打开上例结果“校园风光简单.a7p”，将【校园风光】显示图标修改为如图 7-19 所示。

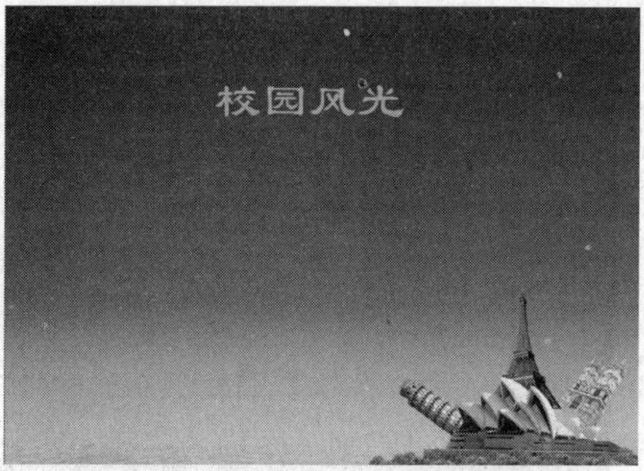

图 7-19 【校园风光】显示图标

① 双击打开【校园风光】显示图标，单击工具栏中的【导入】图标，导入图片“背景.jpg”，选择【修改】→【置于下层图像】命令。

② 单击【绘图】工具栏中的 A 工具，单击“校园风光”文字，按照如图 7-20 所示单击【色彩】区的文字颜色色块，改变字体颜色为土黄色，模式为【透明】。

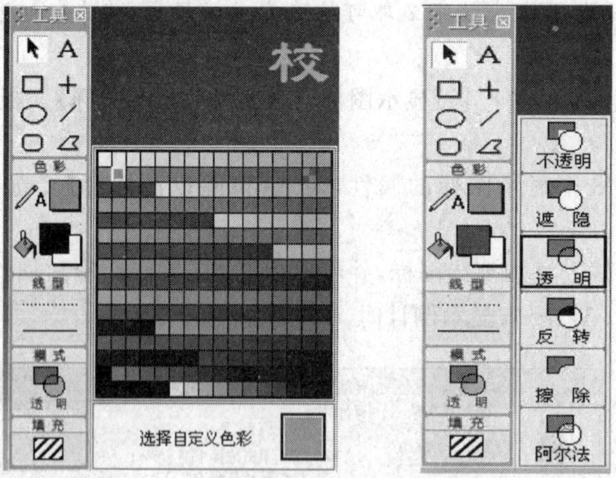

图 7-20 绘图工具栏

(2) 在主流程线上添加 boat 显示图标，绘制如图 7-21 所示的小船图形。

① 在主流程线上添加 boat 显示图标，先使用【矩形工具】绘制两个矩形，然后再用【多边形工具】( )绘制三个三角形，步骤如图 7-22 所示。

图 7-21 boat 显示图标

图 7-22 boat 显示图标绘制步骤图

② 在【色彩】区单击填充颜色色块（），更改前景色和背景色，单击【模式】和【线型】区，出现选择框，如图 7-23 所示，选择合适的类型装饰小船。

说明：双击工具栏中的【矩形工具】等其他工具，查看分别对应什么设置框。

③ 小船绘制完成后，按住 Shift 键选中所有图形，选择【修改】→【群组】命令将小船组装成整体图形。

④ 文件保存为"校园风光 2.a7p"。

（四）设置小船曲线移动的效果。

本例考查对移动图标的使用。

（1）接上例，打开文件"校园风光 2.a7p"。

（2）添加【扬帆起航】运动图标，添加小船移动动画。

① 双击【校园风光】显示图标，出现演示窗口，按住 Shift 键双击 boat 显示图标，让两个显示图标内容同时显示，对照调整小船的位置和大小，如图 7-24 所示。

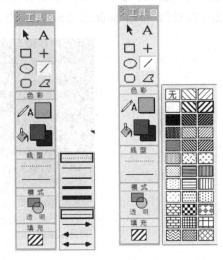

图 7-23 线型和模式设置

② 在主流程线上添加运动图标，重命名为【扬帆起航】。

③ 单击工具栏中的【控制面板】按钮（），激活【控制面板】窗口，如图 7-25 所示，其中的按钮依次代表【运行】、【复位】、【停止】、【暂停】、【播放】和【显示跟踪】。单击【运行】按钮运行一次程序，出现移动图标属性面板，如图 7-26 所示，在演示窗口中的小船上单击，选择移动对象，然后设置运动类型为【指向固定路径的终点】，定时 3 秒。

图 7-24 图标内容的相互参照

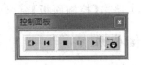

图 7-25 控制面板

第 7 章

多媒体创作工具

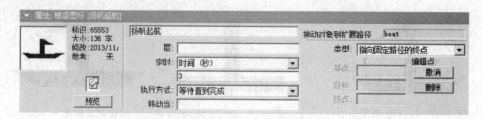

图 7-26　【移动图标】属性面板

④ 在打开的演示窗口中单击小船，出现一个黑色的小三角符号（▲），完成设置路径起点；继续拖动小船移动到任意路径拐点，松开鼠标，两个三角符号间夹着一根直线，这就是运动路径的一段；如此反复操作，画出合适的路径，效果如图 7-27 所示。

图 7-27　路径设置

说明：双击路径上的三角符号，使它们变成圆形符号，直线路径就会变成曲线路径，更加平滑。

⑤ 单击移动图标属性面板中的【预览】按钮，可查看运动效果。

（3）添加【等待单击】等待图标，设置显示倒计时、显示按钮、时限 30 秒，属性面板设置如图 7-28 所示。

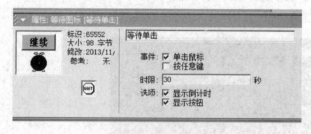

图 7-28　等待图标属性设置

（4）单击【控制面板】窗口中的【运行】按钮，查看整体效果。

五、拓展练习

【练习一】　请设计在移动图标中设置其他四种运动类型的动画效果。

【练习二】 请设计如图 7-29 所示的流程图实例：插入媒体类图标并擦除。

（1）选择【插入】→【媒体】→Flash Movie 命令，在弹出的对话框中单击 Browse 按钮，选择 piantou. swf；运行 Authorware 程序，调整 Flash 的位置属性。

说明：Authorware 中可以添加声音、数字电影、动画等外部媒体文件，可以从工具箱中或选择【插入】→【媒体】命令进行插入。

（2）插入【按任意键结束】等待图标，属性面板设置如图 7-30 所示，【时限】设置一个和 piantou. swf 播放相近的时间，可以等待至片头动画播放完，同时可按任意键或单击结束片头播放。

图 7-29　主流程图

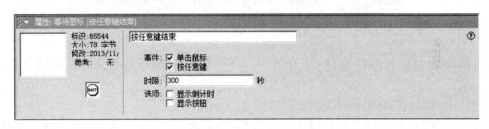

图 7-30　等待图标设置

（3）添加【擦除片头】擦除图标，运行程序，单击界面结束等待，出现擦除图标属性面板，如图 7-31 所示，单击正在播放的 Flash 文件，即可选取擦除对象。

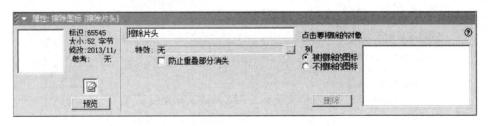

图 7-31　擦除图标设置

说明：擦除图标可以擦除指定的图标对象，并可以设定擦除的方式。

（4）结束程序后添加【校园风光】显示图标，导入图片"磐苑校区南门. jpg"，如图 7-32 所示。

说明：可以将本案例流程粘贴于"校园风光 2. a7p"内进行整合，再另存为"校园风光. a7p"。

（5）运行程序，查看效果。

【练习三】 一键发布"校园风光"电子相册文件。

说明：Authorware 强大的一键发布功能，可以轻松地帮助用户将应用程序发布到 Web、CD-ROM 或局域网，使得发布 Authorware 程序非常简单。

在发布之前，Authorware 会对程序中的所有图标进行扫描，找到其中用到的外部支持

图 7-32　导入图片

文件，如 Xtras、Dll 和 U32 文件，还有 AVI、SWF 等文件，并将这些文件复制到发布后的目录。

（1）打开"校园风光.a7p"文件。

（2）选择【文件】→【发布】→【发布设置】命令或按 Ctrl＋F12 快捷键，设置发布选项；Authorware 首先对程序中的所有图标进行扫描，然后出现一键发布设置对话框，如图 7-33 所示，勾选 With Runtime for Windows 98，ME，MT，2000 or XP 复选框，输入发布的文件存储路径、文件名等，存储为"校园风光.exe"，然后单击 Publish 按钮，在随后弹出的对话框中单击 OK 按钮。

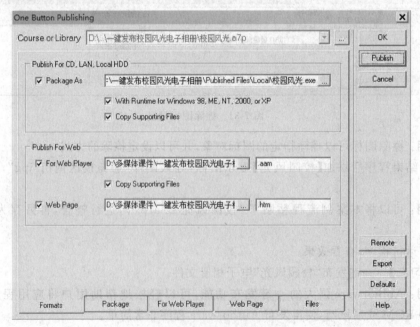

图 7-33　一键发布设置对话框

（3）由 Authorware 源程序生成的 EXE 可执行文件，直接双击 EXE 文件即可运行。

说明：如果要把 EXE 文件复制到其他目录（如要制作一张多媒体光盘作品）下，应该同时把 Authorware 程序一键发布时所带来的相关驱动文件、DLL 链接文件和 Xtras 子目录等一并复制到 EXE 文件所在目录。

实验二　交互控制与框架设计

一、实验目的

- 掌握设置交互图标的方法。
- 了解群组和声音图标的使用。
- 掌握设置框架图标的方法。
- 了解导航图标的作用。
- 了解决策图标的使用。

二、实验环境

- 硬件要求：微处理器 Intel 奔腾 4，内存 1GB 以上。
- 运行环境：Windows 7/8。
- 应用软件：Authorware 7.0。

三、实验内容与要求

（一）制作音乐播放器效果，如图 7-34 所示。

图 7-34　音乐播放器界面

（二）要求将 8 幅不同形态的豹子的静态图片循环播放，制作豹子奔跑的动画效果，其中两幅静态图片如图 7-35 所示。

图 7-35　奔跑的豹子

（三）制作动物世界图片欣赏动画，要求实现翻页效果。完成的流程图和效果图如图 7-36 所示。

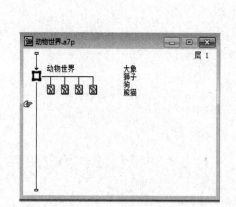

图 7-36　图片欣赏

四、实验步骤与指导

（一）制作音乐播放器。

本例考查在 Authorware 中交互图标、声音图标和群组图标的基本使用。

（1）添加 bg 显示图标到流程线，单击工具栏中的【导入】按钮，导入素材"播放器背景 .jpg"，选择【修改】→【置于下层】命令。

（2）添加交互图标 到流程线。

（3）拖动声音图标到交互图标的右边，弹出如图 7-37 所示【交互类型】对话框，选择【按钮】类型，然后确定，流程线上出现分支线和按钮交互标识。

说明：【交互类型】对话框提供了 11 种交互类型，用于设置不同的交互标识。

（4）此时，请观察按钮交互标识下面的图标，原本添加的声音图标变成了群组图标，双击群组图标，打开第二层的流程线，如图 7-38 所示，声音图标被放置到了这里，将群组图标和声音图标均命名为【我的歌声里】。

（5）双击【我的歌声里】声音图标，弹出如图 7-39 所示的属性面板，单击【导入】按钮，选择导入声音文件。

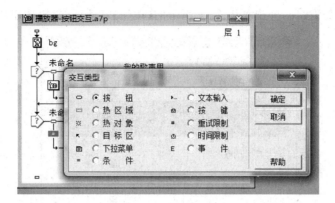

图 7-37　交互类型设置

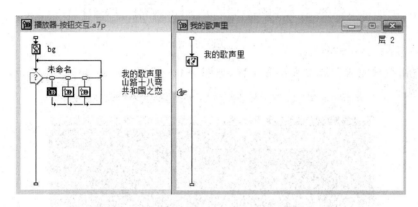

图 7-38　群组图标

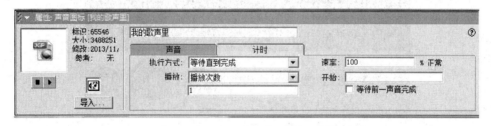

图 7-39　声音图标属性设置

（6）回到主流程线窗口，双击 bg 显示图标，按住 Shift 键单击按钮交互标识-▽-，弹出交互图标属性面板，参数设置如图 7-40 所示。

图 7-40　交互图标属性设置

（7）单击【按钮】按钮，弹出如图7-41所示的【按钮】对话框，编辑按钮的样式。

图7-41 【按钮】对话框

（8）按钮编辑完成后调整大小和位置，如图7-42所示。

图7-42 播放器界面

（9）按上述步骤（3）～（8）制作其他歌曲选项。

（10）运行程序，试听效果。

（二）制作豹子奔跑的动画。

本例考查判断图标的使用。

（1）启动 Authorware 7.0，新建文件"判断图标-奔跑的豹子.a7p"。

（2）拖动工具箱中的判断/决策图标 ◇ 到流程线上，命名为【奔跑的豹子】；拖动工具箱中的群组图标到决策图标的右边，命名为"1"；双击【奔跑的豹子】判断图标，属性设置如图7-43所示。此时流程线上判断图标变成 ◈，成为顺序执行分支。

（3）双击【1】群组图标上方的交互标识，打开判断路径属性设置面板，参数设置如图7-44所示。

图 7-43　判断图标属性设置

图 7-44　路径属性设置

（4）双击【1】图标，进入第二层，拖动工具箱中的显示图标到第二层流程线上，命名为【图片】并双击，选择导入图片"1.jpg"。

（5）在【图片】显示图标下添加一个等待图标，命名为【等待 0.2 秒】，时限设置为0.2秒。

（6）【奔跑的豹子】判断图标右边复制 7 个 1 群组图标，分别命名为 2、3、……8。然后分别修改其中【图片】显示图标里的内容，导入素材"1.jpg"、"2.jpg"、……8.jpg"，为了保证图片的位置准确对齐，可以在属性面板中将 X/Y 设置相同值，如图 7-45 所示。

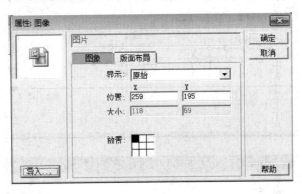

图 7-45　图像布局设置

（7）运行程序，查看动画。

（三）制作动物世界图片欣赏动画。

本例考查框架图标的使用。

（1）启动 Authorware 7.0，新建文件"动物世界.a7p"。

（2）拖动工具箱中的框架图标 ▣ 到流程线上，命名为【动物世界】。

（3）拖动工具箱中的显示图标到到框架图标的右边，命名为【大象】，导入"大象.jpg"文件，并调整好图片位置。

（4）按步骤（3）再分别建立"大象"、"狗"、"熊猫"显示图标到框架图标的右边，流程图如图 7-46 所示。

（5）运行程序，利用图 7-47 所示的框架导航功能按钮进行翻页浏览图片。

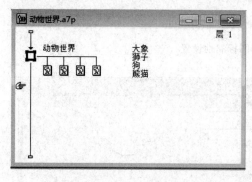

图 7-46　主流程图

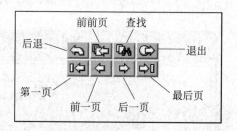

图 7-47　框架导航

（6）退出程序后，双击框架面板，观察其内部结构是个固定模块。

五、拓展练习

【练习一】　给动物世界图片欣赏动画设置文本导航。

（1）复制文件"动物世界.a7p"为"动物世界---文本导航.a7p"。

（2）双击【动物世界】框架图标，将其自带的 Gray Navigation Panel 显示图标删除，添加 bg 显示图标，变成如图 7-48 所示。

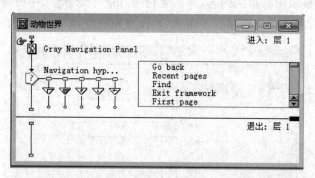

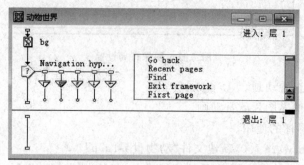

图 7-48　修改框架导航面板

（3）在 bg 显示图标内分 5 次输入文字，如图 7-49 所示。

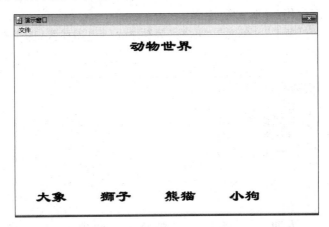

图 7-49　输入导航文本

（4）选择【文本】→【定义样式】命令，打开如图 7-50 所示的【定义风格】对话框。

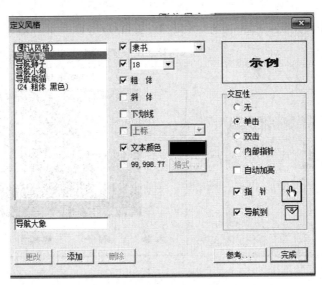

图 7-50　【定义风格】对话框

（5）单击【添加】按钮，选择添加一个样式为"导航大象"，设置样式中的字体、字号、颜色、格式等；然后选择【交互性】选项，选中【单击】单选按钮，勾选【指针】、【导航到】复选框，弹出导航风格属性设置对话框，选择连接到"大象"，如图 7-51 所示。

图 7-51　导航属性设置

（6）双击打开 bg 显示图标，选中"大象"文本，单击【文本】→【应用样式】命令，出现【应用样式】列表框，勾选应用"导航大象"样式。

（7）重复步骤，为"狮子"、"熊猫"、"小狗"文本建立并应用样式，图 7-52 所示为应用"导航小狗"样式。

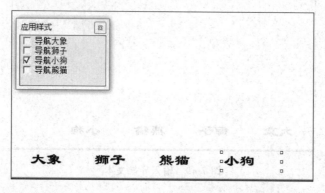

图 7-52　应用样式

（8）完成的流程图和效果图如图 7-53 所示，运行程序，查看效果。

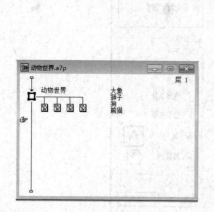

图 7-53　流程图和效果图

【练习二】　制作登录界面的口令测试动画效果。

（1）启动 Authorware 7.0，新建文件"密码设置.a7p"。

（2）拖动工具箱中的显示图标"背景"到流程线上，添加背景图"door.jpg"。

（3）插入交互图标，命名为【口令】。

（4）拖动群组图标到交互图标的右边，在【交互类型】对话框中选择【文本输入】，命名为 pass；双击交互标志→￣，设置响应分支如图 7-54 所示，然后退出交互。

说明：图标名 pass 就是默认正确的文本交互内容。

（5）利用 Shift 键，同时打开"背景"图标和"口令"图标，输入文字，如图 7-55 所示。

（6）设置群组图标 pass 的二级流程图，如图 7-56 所示，界面如图 7-57 所示；在【按任意键】等待图标中设置等待时间，在【擦除屏幕】擦除图标中删除【合法用户】显示图标的内容。

图 7-54　响应分支设置

图 7-55　登录界面

图 7-56　pass 群组的二级流程图

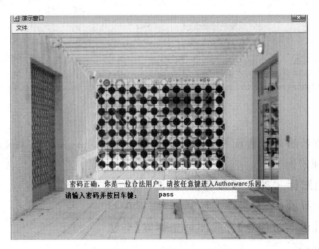

图 7-57　pass 群组运行界面

多媒体创作工具

（7）在主流程线上添加【欢迎界面】显示图标，可自行设计内容，如设计些欢迎语即可，此时流程图如图7-58所示。

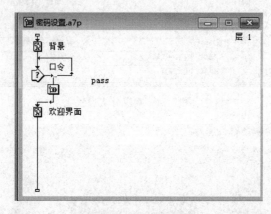

图 7-58 正常登录分支

（8）同理，在主流程线上交互图标的右边拖入群组图标，命名为 ＊；双击交互标志↗，设置响应分支时选择"重试"，如图7-59所示。

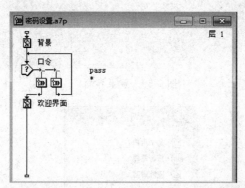

图 7-59 错误文本匹配

说明：这里命名的 ＊ 是通配符，表示任意字符，此分支一般用来处理错误文本。

（9）设置群组图标 ＊ 的二级流程图，如图7-60所示界面，如图7-61所示；在【等待 1 秒】等待图标中设置等待时间，在【擦除非法信息】擦除图标中删除【非法用户】显示图标的内容。

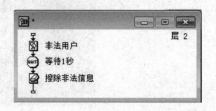

图 7-60 ＊群组的二级流程图

图 7-61   ＊群组运行界面

（10）运行程序，查看效果。

实验三　变量、函数与知识对象的使用

一、实验目的

- 掌握计算图标的使用方法。
- 了解变量和函数的使用方法。
- 了解运算符和语句的应用。
- 了解知识对象的概念和作用。
- 了解库与模块的概念和作用。

二、实验环境

- 硬件要求：微处理器 Intel 奔腾 4，内存 1GB 以上。
- 运行环境：Windows 7/8。
- 应用软件：Authorware 7.0。

三、实验内容与要求

（一）制作电子钟动画效果，如图 7-62 所示。

（二）制作猜宠物的游戏动画效果，如图 7-63 所示。

（三）制作鼠标跟随效果，当鼠标指针在窗口中运动时，会有一串串的圆跟踪而至，如同水泡一样；而当鼠标指针静止不动时，则会有依次变大的同心圆往复变化，如图 7-64 所示。

（四）制作调用外部游戏的动画效果，如图 7-65 所示。

图 7-62　电子钟

图 7-63　猜宠物游戏

图 7-64　鼠标跟随效果

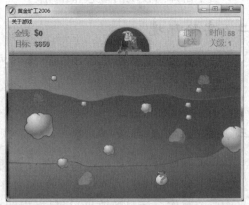

图 7-65　调用外部游戏

四、实验步骤与指导

（一）电子钟效果的制作。

本例考查在 Authorware 中变量和函数的使用方法。

（1）新建一个 Authorware 文件，命名为"电子钟. a7p"。

（2）拖动工具箱上的计算图标 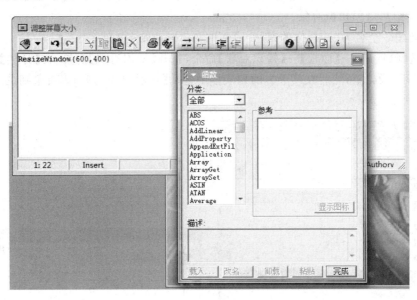到流程线上，命名为【屏幕大小】，双击，出现【调整屏幕大小】窗口，单击工具栏上的【函数】按钮 ，打开【函数】对话框，单击选择 ResizeWindow 函数，然后单击【粘贴】按钮，把 ResizeWindow 粘贴到【调整屏幕大小】窗口中，如图 7-66 所示，函数为 ResizeWindow(600,400)，然后关闭【调整屏幕大小】窗口，完成计算图标的设置。

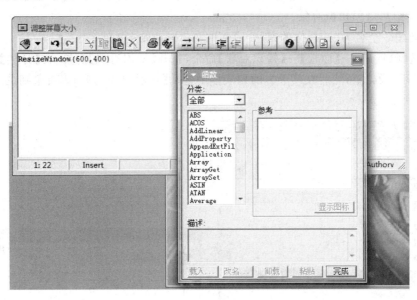

图 7-66 计算图标内容添加

（3）在主流程线上添加【电子钟】显示图标，双击该图标打开【演示窗口】窗口，输入文字"今天是：{FullDate}{DayName}{FullTime}"，如图 7-67 所示。

图 7-67 变量使用

（4）单击工具栏上的【运行】按钮 运行一次程序。

说明：{FullDate}、{DayName}、{FullTime}均为系统变量，分别存储当前的日期星期和时刻,{}及其函数必须在英文状态下输入。

（二）猜宠物游戏效果的制作。

本例考查在 Authorware 中知识对象的使用方法。

说明：知识对象是逻辑封装插入到程序的模块，在 Authorware 7.0 中一共提供了 11 种类型的知识对象，每种知识对象都与向导相连接。向导提供所插入知识对象的建立、修改或增加内容的定制参数界面，能方便地实现需要通过复杂的操作或编程才能实现的功能。本例着重介绍热对象知识对象。

（1）新建一个名为"选择你的宠物.a7p"的 Authorware 文件。

（2）选择【窗口】→【面板】→【知识对象】命令，打开【知识对象】窗口，在【分类】下拉列表框中选择【评估】类型，然后在其下方的列表框中拖动【热对象问题】知识对象到主流程线上，如图 7-68 所示。

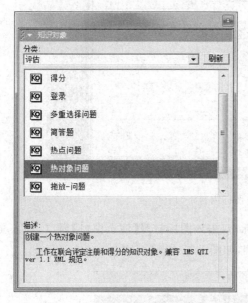

图 7-68　选择知识对象

（3）双击系统自动取名【热对象问题】的知识对象图标，打开 Hot Object Knowledge Object：Introduction 对话框的向导界面 1，如图 7-69 所示。

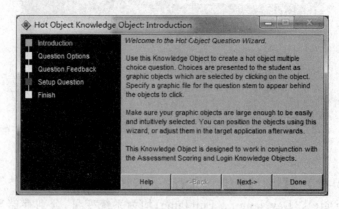

图 7-69　知识对象向导界面 1

（4）单击 Next 按钮,进入 Hot Object Knowledge Object：Question Options 对话框,选择即将添加的热对象所在层和源文件夹的位置,如图 7-70 所示。

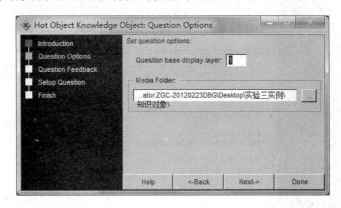

图 7-70　知识对象向导界面 2

（5）单击 Next 按钮,进入 Hot Object Knowledge Object：Question Feedback 对话框,选择即将添加的热对象选项个数,在此填入 3,如图 7-71 所示。

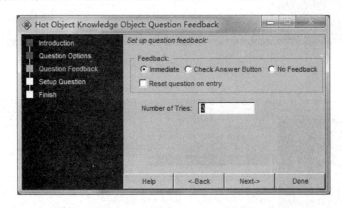

图 7-71　知识对象向导界面 3

（6）单击 Next 按钮,进入 Hot Object Knowledge Object：Setup Question 对话框,如图 7-72 所示。

在该对话框中选择对应文本进行修改,如图 7-73 所示,题目为"你养的宠物是……?",第一个选择热区在(120,300)坐标位置,如果用户单击此处,将得到反馈文本"哎呀,和我的一样!",其余同理。

（7）单击 Next 按钮,进入 Hot Object Knowledge Object：Finish 对话框,如图 7-74 所示,单击 Done 按钮,完成对热对象问题的设置。

（8）运行程序,试看效果。

（三）制作鼠标跟随的效果。

本例主要考查系统变量的使用。

说明：本例将用到 CursorX 和 CursorY 两个关键的系统变量,前者表示当前鼠标指针位置距窗口左边框的像素数,后者表示当前鼠标指针位置距窗口上边框的像素数。

284

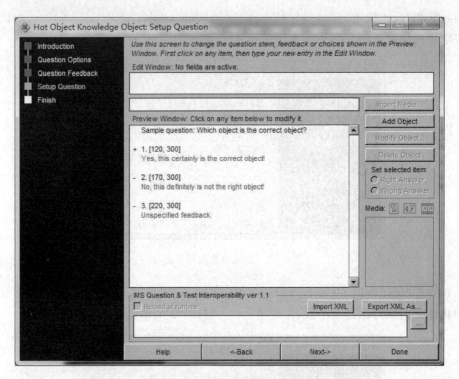

图 7-72　知识对象向导界面 4

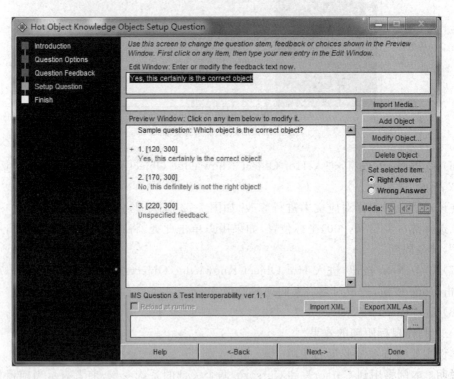

图 7-73　知识对象向导界面 4

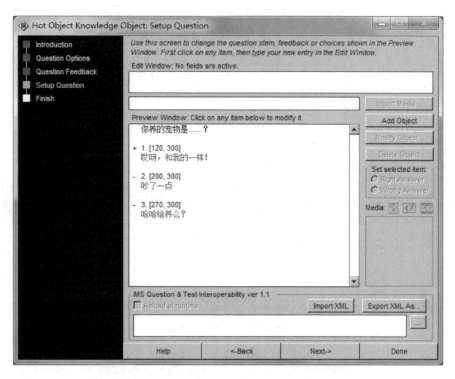

图 7-73　（续）

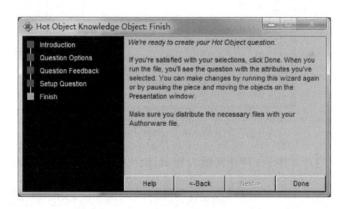

图 7-74　知识对象向导界面 5

（1）拖动两个显示图标到流程线上，分别装入背景图和文字"新年快乐"（也可自行设计）。

（2）放一个计算图标到主流程线上，双击打开其输入窗口，输入"x := 1"，如图 7-75所示。

（3）放一个交互图标到主流程线上，然后放一个计算图标到其右侧，在弹出的属性设置对话框中选择【条件】，如图 7-76 所示。

（4）将该计算图标命名为【x＝1】（此处命名时，切记将输入法切换到英文状态下），流程线如图 7-77 所示。

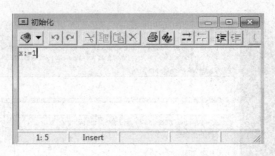

图 7-75　计算窗口

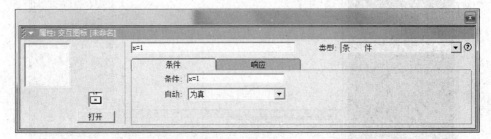

图 7-76　交互属性设置

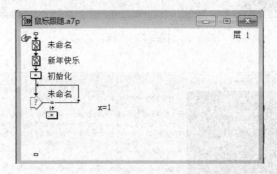

图 7-77　流程图

（5）双击【x=1】计算图标，打开其输入窗口，输入如图 7-78 所示的内容。

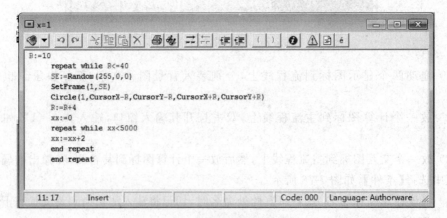

图 7-78　计算图标窗口

（6）双击计算图标上方的小等号按钮，打开属性设置对话框，在【条件】选项卡的【自动】下拉列表中选择【为真】，如图 7-76 所示，在【响应】选项卡的【分支】下拉列表中选择【继续】，其他参数采用默认设置。如图 7-79 所示。

图 7-79　交互属性响应分支

（7）运行程序，查看效果。

（四）制作调用外部游戏的效果。

本例主要考查 Authorware 中调用网页文件的方法。

（1）将显示图标拖到流程线上，分别装入背景图并输入文字，如图 7-80 所示。

图 7-80　显示图标界面

（2）放一个交互图标到主流程线上，然后放两个计算图标到其右侧，在弹出的交互属性设置对话框中，选择【按钮】交互方式，分别命名为【放松】和【退出】，流程图如图 7-81 所示。

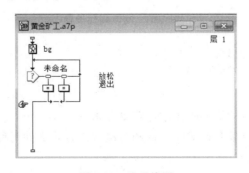

图 7-81　流程线图

多媒体创作工具

（3）双击打开【放松】计算图标窗口，输入"JumpOutReturn（""，"黄金矿工游戏 .EXE"，""）"，如图 7-82 所示。（请下载"黄金矿工游戏.EXE"文件，将其存放到"调用外部 游戏.a7p"所在的文件夹中。）

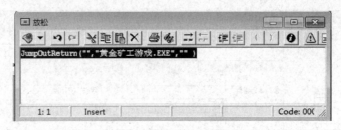

图 7-82　【放松】计算图标窗口

（4）双击打开【退出】计算图标窗口，输入 Quit（），如图 7-83 所示。

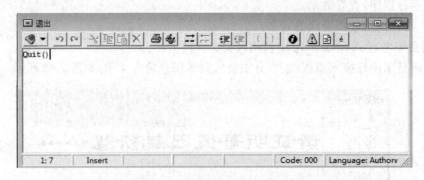

图 7-83　【退出】计算图标窗口

（5）双击【退出】计算图标上方的小等号，打开【交互属性】设置对话框，在【响应】选项卡 的【分支】下拉列表中选择【退出交互】，其他采用默认设置，如图 7-84 所示。

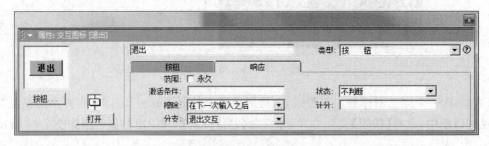

图 7-84　交互属性设置

（6）运行程序，查看效果。

五、拓展练习

【练习一】　库的使用：给多媒体添加背景音乐。

实验要求：试将轻音乐制作成库文件和直接导入音乐文件两种多媒体程序进行大小比 较，理解库的复用和灵活性。

建立音乐库文件的步骤如下所述。

（1）选择【文件】→【新建】→【库】命令，打开库编辑窗口，如图 7-85 所示；然后选择【文件】→【保存】命令，保存为 ku.a7l。

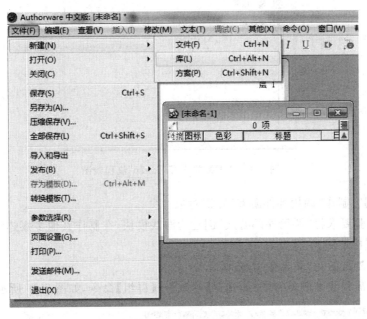

图 7-85　库编辑窗口

（2）在主流程线上添加显示图标，双击该图标打开演示窗口，导入图片"库-音乐.jpg"。

（3）进入库编辑窗口，选择【文件】→【导入与导出】→【导入媒体】命令，打开【导入哪个文件？】对话框，如图 7-86 所示，选择导入音乐文件"克罗地亚狂想曲.mp3"，此时，库编辑窗口如图 7-87 所示。

图 7-86　【导入哪个文件？】对话框

图 7-87　库编辑窗口

（4）从库编辑窗口中拖动声音图标到主流程线。

（5）播放测试文件，试听效果，并保存为"库和模块--背景音乐.a7p"。

多媒体创作工具

（6）按照如图 7-88 所示的流程建立"直接放入音乐.a7p"，试比较音乐文件两种处理方式。

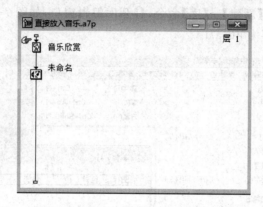

图 7-88　"直接放入音乐.a7p"流程线图

【练习二】　制作"调用外部游戏"知识对象。

说明：实验要求将"调用外部游戏"创建为游戏模块，在制作其他多媒体程序时，可通过知识对象来直接使用。

（1）打开外部游戏"黄金矿工.a7p"。

（2）选择流程线上的所有图标，选择【修改】→【群组】命令，如图 7-89 所示。

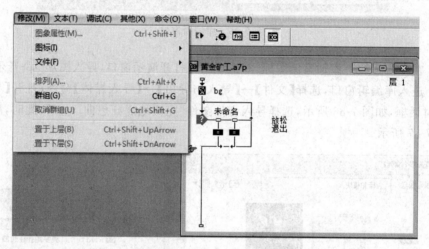

图 7-89　群组图标内容

（3）选择【修改】→【图标】→【描述】命令，打开【描述】对话框，在【图标描述】文本框中输入该图标的描述信息为"调用外部游戏"，如图 7-90 所示，最后单击【确定】按钮。

（4）选择【文件】→【存为模板】命令，打开【保存在模板】对话框，此时，在【保存在】下拉列表框中请注意选择 Authorware 7.0 软件安装路径下的 Knowledge Objects 文件夹，然后输入模块名称为"调用游戏模块"，最后单击【保存】按

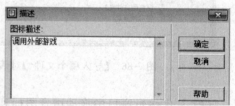

图 7-90　【描述】对话框

钮,即可产生【调用游戏模块】知识对象,如图 7-91 所示。

图 7-91 "调用游戏模块"知识对象

(5) 按 Ctrl+Shift+K 快捷键打开【知识对象】窗口查看,如图 7-92 所示,单击【刷新】按钮即可更新知识对象列表。

图 7-92 【知识对象】窗口

参 考 文 献

[1] 李金明,李金荣.中文版 Photoshop CS6 完全自学教程[M].北京：人民邮电出版社,2010.

[2] 王海翔,孙秀娟,张少斌.Flash CS5 动画设计与制作技能基础教程[M].北京：科学出版社,2013.

[3] 缪亮.Flash 动画制作基础与上机指导[M].北京：清华大学出版社,2012.

[4] 卢官明,宗昉.数字音频原理及应用[M].北京：机械工业出版社,2005.

[5] 文海良.效果器插件技术与应用[M].上、下册.长沙：湖南文艺出版社,2008.

[6] 张云,刘峥,李少勇.Premiere Pro CS4 视频编辑剪辑制作[M].北京：科学出版社,2009.

[7] 李涛.Adobe After Effects CS4 高手之路[M].北京：人民邮电出版社,2009.

[8] 王红卫.After Effects CS 5.5 动漫、影视特效后期合成秘技[M].北京：清华大学出版社,2012.

[9] 缪亮.Authorware 多媒体课件制作实用教程[M].3 版.北京：清华大学出版社,2011.

[10] 袁海东.Authorware 7.0 教程[M].6 版.北京：电子工业出版社,2013.

图书资源支持

感谢您一直以来对清华版图书的支持和爱护。为了配合本书的使用,本书提供配套的资源,有需求的读者请扫描下方的"书圈"微信公众号二维码,在图书专区下载,也可以拨打电话或发送电子邮件咨询。

如果您在使用本书的过程中遇到了什么问题,或者有相关图书出版计划,也请您发邮件告诉我们,以便我们更好地为您服务。

我们的联系方式:

地　　址:北京海淀区双清路学研大厦 A 座 707

邮　　编:100084

电　　话:010－62770175－4604

资源下载:http://www.tup.com.cn

电子邮件:weijj@tup.tsinghua.edu.cn

QQ:883604(请写明您的单位和姓名)

用微信扫一扫右边的二维码,即可关注清华大学出版社公众号"书圈"。

资源下载、样书申请

书圈